讲究吧！
明式家具

坐具篇

张　梵◎著

明式家具
那是名正言顺的真讲究
绝不是沽名钓誉的穷讲究

中国林业出版社

图书在版编目（CIP）数据

讲究吧！明式家具. 坐具篇 / 张梵著. –– 北京：
中国林业出版社，2021.11

ISBN 978-7-5219-1356-9

Ⅰ.①讲… Ⅱ.①张… Ⅲ.①家具—中国—明代—普
及读物 Ⅳ.①TS666.204.8-49

中国版本图书馆CIP数据核字(2021)第194758号

中国林业出版社·建筑家居分社

责任编辑：樊　菲

出版　中国林业出版社（100009　北京市西城区德胜门内大街刘海胡同7号）
网址　http://www.forestry.gov.cn/lycb.html
电话　（010）8314 3610
发行　中国林业出版社
印刷　北京利丰雅高长城印刷有限公司
版次　2021年11月第1版
印次　2021年11月第1次
开本　1/16
印张　12.5
字数　200千字
定价　78.00元

本书顾问团队

专家顾问：

王　满　中国林产工业协会执行会长

纪　亮　中国林业出版社副社长

周京南　故宫博物院研究馆员

方崇荣　浙江省林业科学研究院副院长、国家林业和草原局林产品质量检
　　　　验检测中心（杭州）副主任

张仲凤　中南林业科技大学学科负责人、国务院政府特殊津贴专家

蒋劲东　国家木雕及红木制品质量检验检测中心教授级高工

技术顾问：

李　近　国家林业和草原局红木产业创新联盟秘书长

杨燕南　中国林业产业联合会秘书长助理

李　顺　中国林业出版社建筑家居分社副社长

田燕波　著名古典家具设计师

郭跃祥　浙江省东阳市花园木材协会副会长

周　奔　古典家具私人藏家

边剑荣　浙江省诸暨乃金文化传播有限公司总经理

序

一

张梵先生文质彬彬，是个很内秀的人。平时话不多，张口便与众不同。跟他接触多了，我发现很多耳熟能详的事儿经他一说，总有新的角度、新的思路、新的认知，起码他那慢条斯理的语调蛮有韵味儿，让人耳朵很享受。

最近，张梵写了一本新作，名为《讲究吧！明式家具》，书名就挺招人稀罕的。现在世面儿上撰写家具的书籍不少，其中我看过的有关明式家具的就有十几种。但是，像他这样把自我感悟之语加上感叹号，赫然放在书名中的独此仅见，实让人耳目一新，徒增阅读欲望。

作者邀序，谦让不得。适逢我随国家红木产业问题课题组赴广西凭祥调研，遂揣上样书，意在闲暇时翻阅一下，以复所托。但入书之后，欣喜不断，新奇涟涟，竟不忍合卷，一口气读完。有些章节还反复研习，浮想玩味，深受教益。在三天的旅途中，这本书填满了我几乎所有的非工作时间。坦白地说，这在我近年来此类专业书阅读经历中是罕见的。

此次阅读也丰富了我的工作内容。张梵在本书后记中引用了春秋时期《考工记》一语："天有时，地有气，材有美，工有巧，合此四者然后可以为良。"这是我国对造物之说的最早记述，讲的高度之巅，宽度之广，深度之邃，角度之特，可谓登峰造极。先哲梵语，后侪无人能出其右。

及此调研，乃对红木行业思考一二。红木满载着中国的传统和文化。很早开始，红木家具及其制品以其尊贵的色彩、致密的材质和极高的收藏价值广受赏识和认同。红木材料的应用，无论古代还是现代，以家具、建筑应用为多，从海南黄花梨手把件到红酸枝罗汉床，从紫檀箱柜到鸡翅木条案，历经沧海桑田，物是人非，伴随着时光岁月的养成，散发出永恒的魅力。每一条纹理都翻腾着历史的沉淀，每一寸切面都镌刻着文化的年轮。

当前，红木家具行业有以下几个问题应予关注：一是资源问题。目前，已有90多个国家制定并实施了木材进出口方面的限令，我国在履行CITES国际公约方面同样坚决，红木资源问题注定是行业面临的长期问题。二是库存问题。前些年，国家支持赴境外进行可持续林木资源开发，许多企业积聚了大量红木，近几年随着市场疲软，红木价格总体受挫，行业库存压力日增。三是新材料开发问题。按新的国家红木标准，红木有五属八类二十九个种类，95%以上为舶来品。从长期来看，要真正突破资源瓶颈，必须广辟新路，不能囿于标准的束缚。四是文化创新问题。目前市场流行的红木家具多是明式家具和清式家具的复制品，怎样推陈出新，与时俱进，创造出顺应时代特点的"共和国式""改革开放式""新时代式"的红木家具风格和样式，是当代同仁的历史使命。

感谢张梵，你的这本专业书让我读后还想了点别的。你真讲究！

中国林产工业协会执行会长

序

二

　　中国传统家具，历史悠久，源远流长，到了明代，达到了历史上的顶峰地位。明代由于对外贸易的繁荣，经济的发展，手工艺技术的提高，来自殊方异域的优秀木材源源不断流入国内。由于材源充足，民间的能工巧匠们可以随心所欲，纵情驰骋于斧凿之间，制作了大量优质的红木家具。这些制作精良的家具，受到上至宫廷贵族、富商巨贾，下至士大夫阶层乃至平民百姓的推崇。据明人范濂《云间据目钞》记载："细木家伙，如书桌、禅椅之类，余少年不曾一见，民间只用银杏金漆方桌。自莫廷韩与顾宋两公子用细木数件，亦从吴门购之。隆万以来，虽奴隶快甲之家，皆用细器，而微小之木匠，争列肆于郡治中。即嫁妆杂器，俱属之矣。纨绔豪奢，又以椐木不贵，凡床橱几桌，皆用花梨、瘿木、乌木、相思木与黄杨木，极其贵巧，动费万钱，亦俗之一靡也。"王士性《广志绎》也讲到："姑苏人聪慧好古，亦善仿古法为之。……又如斋头清玩，几案床榻，近皆以紫檀花梨为尚。尚古朴不尚雕镂。即物有雕镂，亦皆商、周、秦、汉之式。海内僻远，皆效尤之，此亦嘉、隆、万三朝为始盛之。"

　　而通过现存文献和大量的实物资料，我们还可以看到，在明代有一大批文人也热衷于对家具工艺的研究和家具审美的探求。现今流传下来的不少明代著作，如曹昭的《格古要论》、文震亨的《长物志》、高濂所著的《遵生八笺》等书籍，都不同程度地探讨了家具的风格与审美。这些文化名人思想活跃，崇尚自然，讲究"精雅"，对于起居坐卧之具亦颇多关注，有的甚至亲操斧斤，设计家具，给明式家具注入了闲适淡雅、随遇而安的文人审美内涵，对明式家具风格的形成起到了推波助澜的作用。由于以上诸多原因，明式家具在继承前代的基础上取得了辉煌的成就，这一时期的家具，已是品种齐全、造型丰富、艺术风格渐趋成熟、特色鲜明，在世界家具体系中，占有着重要的地位。而且这种家具风格，一直延续到清初。清代顺治、康熙以及雍正初年，清朝统治者还忙于纷至沓来的政务之中，无暇他顾，故这一时期的家具还保留着鲜明的明代的造型风格。后世所说的"明式家具"，其实就是指明代以及清前期的这批家具。

明式家具的主要特点是采用木架构造的形式，形成了别具一格的形体特征，造型简洁、单纯、质朴，并强调家具形体的线条形象，在长期的形成、发展过程中，确立了以"线脚"为主要形式语言的造型手法，体现了明快、清醒的艺术风格。同时，明式家具不事雕琢，装饰洗练，充分地利用和展示优质硬木的质地、色泽和纹理的自然美；加上工艺精巧、加工精致，使家具显得格外隽永、古雅、纯朴、大方。明式家具比例的适度和谐，体现了完美的尺度与人体工程学的科学性；合理、巧妙的榫卯结构和加工工艺，充分地反映了"明式"的卓越水平。从历史记载及现存文物来看，明式家具主要集中在江南地区，江南地区物质丰富，文化发达，文人荟萃，中国传统文化讲究平和内敛，"心如朗月连天净，性似寒潭彻底清"的文人情怀给明式家具增加了一丝"天然去雕饰，清水出芙蓉""素面朝天"的自然美感，装饰无多却恰到好处，可谓"多一分则繁缛，少一分则寡味"。

以往对明式家具的研究著述篇幅繁多，很多专家学者著书立说，立论高远，阐述自己的真知灼见，全方位、多角度展开了对明式家具的研究，从明式家具的木材、制作、工艺、历史、文化、陈设、鉴赏、艺术价值等方面进行归纳总结。而今，在明式家具的研究领域，又一本新人新著即将面世。该书作者张梵多年来致力于中国香文化的研究和教学工作，同时受从事红木行业的父亲影响，子承父业，长期浸润于明式家具的生产制作，最后形成了自己的心得体会，著成此书。这部书的书名《讲究吧！明式家具》，对明式家具制作考究、设计精巧的成因进行了认真考证。通过该书可以看出，作者具有较为深厚的文化底蕴，在查阅大量历史文献和古代绘画作品的基础上结合明式家具实物，从微观上对明式家具进行了详细的阐述，对明式家具的经典器型，如交椅、圈椅、禅椅、玫瑰椅、官帽椅、梳背椅、杌凳等品种，条分缕析，精剖细究；对每一类型的家具，从其历史发展的追根溯源到结构部件的详细图解，从明式家具的形制特点到明式家具的艺术价值，都分析得鞭辟入里，引人入胜。这部书的出版，普及了明式家具的基础知识，总结了明式家具的风格特点，阐释了明式家具的文化内涵，丰富了明式家具的研究范围，是一本值得阅读的佳作。有感于此，本人欣然作序。愿该书作者在以后的研究道路上百尺竿头，更进一步。

周京南

故宫博物院研究馆员

目录

明式家具的

讲究

（一）

明式家具，那是名正言顺的「真讲究」，绝不是沽名钓誉的「穷讲究」。

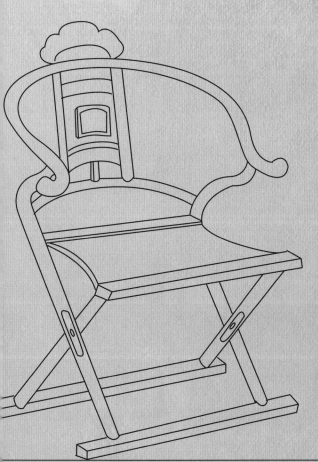

讲究 JIANG JIU

本书名为《讲究吧！明式家具》，故而先来谈谈什么是"讲究"。

"讲究"是一个颇为有趣的词儿，它在中国人的口语里非常多变，可做动词用，也可做形容词，有时候还当个名词用。"讲究"这个词不仅在词性上很多变，在不同的方言里说出来时，它的意思还有些不同，用法也有细微差别。**换句话说："讲究"本身，也挺讲究。**

我们中国人是很讲究的，也乐于去讲究。对于讲究的东西，往往也颇为得意。因此常用这个词来形容一些喜闻乐见的东西，譬如一个人穿着好看的衣服，便叫作"穿着讲究"；住在漂亮的房子里，便叫作"住所讲究"；一个人人品好，受人称颂，便叫作"为人讲究"。中国人于衣食住行的方方面面，都可以讲究，且都应有讲究：小到见面时的一个小称谓，大到婚丧嫁娶的人生大事，都需要讲究。

在传统文化中，"讲究"就像是孔圣人口中的那个"礼"，有它，则有秩序、有规矩，如此便有了文明，有了社会的良性运转；没了它，便没有了规矩，社会就会变成孔圣人口中的那个"礼乐崩坏"的社会，如果长久地没了它，就容易出乱子。

所以中国人对"讲究"尤其在意，也将它体现到了生活里的细微方面。

举个生活中常见的小例子：我们对亲戚的称谓非常讲究，叔或伯的儿子叫堂哥（弟），姑的儿子叫表哥（弟），姨的儿子也叫表哥（弟），但可以细分：一个是姑表哥（弟），一个是姨表哥（弟）。这虽是件小事，但实则也是"讲究"，表亲再多，一个称呼，就能道明关系。英语里就没这个"讲究"，统一都叫"卡森"（cousin），堂哥叫"卡森"，表弟也叫"卡森"；而且这个"卡森"，连男女都不分，表弟叫"卡森"，表妹也叫"卡森"。非得分的时候，才加上一个男性"卡森"（male cousin），或者女性"卡森"（female cousin）。单词是好记了，可是表意准确吗？

类似的例子很多，一旦涉及"讲究"，就决不能犯懒，因为只有讲究了，一些事情才会变得比较清晰。于物如此，于人也是如此。

当我们说一个人"讲究"时，通常它会和"有礼貌""有品位""有内涵"等优雅的形容词联系在一起，于是好感便会油然而生。例如，一个上海人遇到了一个外表一丝不苟、谈吐彬彬有礼、处事有规有矩、待人分寸有方的人时，常会一脸赞叹地说："葛个人'老讲究'啦！"听者自是无不得意。一位老太太若是碰上这样一个讲究的年轻人，自是恨不得立刻奉上自家待嫁闺女的生辰八字。

"讲究"就是这样一个非常好的东西。但是，虽然大家都十分喜欢讲究的人，却并不是每个人都会去"讲究"，因为"讲究"起来，确实比较麻烦，有时候，成本也的确挺高。在我们生活的这个世界里，有多少足够"讲究"的人，就有更多不讲究的人。

当"讲究人"遇上了"不讲究人"，看到了"不讲究"的事，"讲究人"就会皱起眉头，鄙夷地说上一句："你看这人埋汰的，一点都不讲究。"

"埋汰"，在某种程度上，算是"讲究"的反义词。这里面有不干净、没品位、没内涵等意思。一个"埋汰人"被埋汰了，心里自然老大不乐意，嘴上不说，心里或许会骂上一句："就你穷讲究！"

像这样在"讲究"前面加上一个定语，就不再是夸赞了。"穷讲究"就是骂人的一句话。这个在"讲究"前面的"穷"字，有两层意思，除了其本意

"贫穷"以外，还有"假装"的意味。

当一个人被骂"穷讲究"的时候，骂人者通常有这样两层意思：

第一，你这小子，没钱你讲究什么！

第二，你这小子，也就表面看着讲究，其实全是装的，内里草包一个。

"讲究"对人的褒奖有多高，"穷讲究"带来的贬低就有多狠。因此要讲究，就势必要"真讲究"起来，决不能"穷讲究"，否则一旦被揭穿，便是夭人现眼了，连"不讲究"都不如。一个人若要避免被人叫作"穷讲究"，在讲究的时候就需要注意两点：

第一，"真讲究"是需要一定财富积累的，"讲究"的人不一定是巨富，但起码钱不是首要考虑的问题。

第二，"真讲究"不仅是表面功夫，还需得有深厚的文化底蕴来支撑，光是面上的讲究是服不了众的，还必须加以足够的内涵。

做到以上这两点，才称得上"真讲究"！

打一个小比方：北京人吃烤鸭，可以随便地吃一只，也可以用"讲究"的方法吃一次。若是要用"真讲究"的方法吃一次，那就需要下到馆子里才能吃到：烤鸭用的鸭子得是北京的填鸭，需得用果木在壁炉中烤制；片鸭子一定不能亲自下手，而是由专业的大厨片出一百零八刀，片成一百零八片，不能多也不能少；鸭肉要配荷叶饼吃，搭配中得有葱，酱料必须得是甜面酱。这些个"讲究"可不仅是表面功夫，若是有人细究起来，也得说得出其中原因：北京填鸭肥瘦分明，不酸不腥；果木经烘烤会散发出独特香气，与烤鸭绝配；专业片鸭子的厨师学艺多年，练就一身好刀工，片出的鸭肉皮肉分明，口感出色；甜面酱为发酵制成，有助消化，正好可以搭配油腻的烤鸭与荷叶饼；鸭肉性寒，葱性热，鸭肉加上葱以后，食材在药性上正好中和，有益健康。这些门道食客若说不出来，就算吃对了，也只能算"穷讲究"。

方方面面的"讲究"汇聚到一起，才形成了真正的"原汁原味"，这是食客和厨师们长年累月的经验积累后得出的最优方案，同时也是正宗北京烤鸭口味得以稳定传承的必要条件。这些"讲究"所代表的不仅是身份、文化和底蕴，还是一种对最纯粹体验的追求，若是改了一处，那就不算讲究了。当然，一个食客要想享受到这种原汁原味的口感、味道、文化和底蕴，那肯定得多费点儿事儿，多花点儿钱。

不仅是烤鸭，中国人对很多东西，都有这种细致的讲究，讲究的事物被讲究的人讲究了下去，就形成了文化的传承。所以这个"讲究"，是民族的文化，是内涵与传承，是不能不要的！

本书的主角——明式家具，就是在这样的"讲究"中传承下来的东西，包括它的造型，它的用材，它的工艺，它的文化，它的底蕴，等等。本书的主题，就是围绕明式家具，来说道说道这些个"讲究"，也是为了这一文化形式的传承尽些绵薄之力。当然，在此之前，咱们得先搞清楚，咱们的主角们——明式家具，究竟是个什么。

明式家具是什么

明式家具，顾名思义就是明代所制作的家具，再加上后代仿制这些明代制作家具的家具。这么定义没什么问题，乍看似乎也说得通，可仔细想想却有大问题：因为如此定义，也等于没有定义。定义得太过宽泛，导致大家听了后，却还是不知道什么是明式家具，不知道明式家具长什么样，是什么材质的，更不知道用什么方法去研究它。这就好比有人问你，老婆饼是什么？你不能回答老婆饼就是老婆做的饼，因为这样说的话，人家听了还是不知道什么是老婆饼，它的大小如何，它的口感如何，它的制作方法又如何，即便定义时不用详细说明老婆饼的配方和制作手艺，也得有个大概的方向。如此一来，没有老婆却也想吃老婆饼的人才能知道自己能不能做得出来。

关于明式家具的定义，比较经典的说法来自王世襄先生在《明式家具研究》一书中的记述：

> "'明式家具'一词，有广、狭二义。其广义不仅包括凡是制于明代的家具，也不论是一般杂木制的、民间日用的，还是贵重木材、精雕细刻的，皆可归入；就是近现代制品，只要具有明式风格，均可称为明式家具。其狭义则指明至清前期材美工良、造型优美的家具。这一时期，尤其是从明代嘉靖、万历到清代康熙、雍正（1522—1735年）这二百多年间的制品，不论从数量来看，还是从艺术价值来看，称之为传统家具的黄金时代是当之无愧的。"

根据王世襄先生的说法，明式家具可分为广义、狭义两种。广义所代表的是明代的一切家具，不管是精致的、讲究的，还是粗糙的、普遍的，只要是明代制作的家具，以及后世仿制的，都属于明式家具的范围。明式家具的广义定义，定的似乎太过宽泛，有讲究的，没讲究的，都在里面了。对于中式传统家具的研究，笔者认为是应该去芜存菁的，否则样本太大，研究起来也确实有些费劲，若是花大量的时间，对劣质家具进行研究，其实也无甚意义。所以本书对明式家具的定义，将抛开广义定义，着重于王世襄先生所说之"狭义明式家具"的这部分。

王世襄先生在对明式家具的狭义定义中非常简明扼要地抓住了明式家具的两个重要特点：

第一，经典明式家具的诞生时期是从明代嘉靖、万历到清代康熙、雍正期间的二百多年中。是故明式家具并不只是明代制造，其中也包含了清早期的一段时间。

第二，明式家具是一批选材优质、工艺精良、造型优美的家具，且具有很高的艺术价值。这就需要我们对明式家具研究时，将其与一些同时代中制作粗鄙的家具进行区分。

也就是说，"明式"中的"明"所代表的时代，并非历史上的明代，而"明式"二字所指的，是一种独特的家具风格。**这种风格最纯粹的奠基者，便是1522—1735年这二百多年时间中出现的那批"材美工良、造型优美"的家具们。**

好了，现在我们知道"明式家具"是什么了，那么深入了解"明式家具"的意义何在呢？

若是后世对明式家具并未有如此大热诚，且从未对它们进行仿制和开发，那么我们只需要在博物馆中看看这些家伙们便够了，我们对明式家具的了解，也仅能帮助大家对它进行评头论足，或在朋友间吹吹牛而已。但实际上，明式家具现已成为中国家具的代表，甚至说是中国文化的一种象征也不为过。现代的家具研究者、爱好者与制作者们，无论中外，都将明式家具奉为中国家具的顶峰之作，并持续不断地追寻、探索及延续着这种风格：高明的家具匠人们以"明式"的高标准（从工艺、材料、造型、韵味四个方面）来制作家具，并融入自身对这种风格的理解，精益求精；来自全球的家具爱好者们多以拥有一件经典的明式家具为荣。因此，明式家具不仅与现代人的文化与生活息息相关，且读懂明式家具，也是读懂中国哲学、文化与智慧的方式。

明式家具有没有讲究

　　另外，就明式家具的仿制品而言，虽然风格相同，匠人们的仿制水平仍然存在着优劣之分，更有一些鱼目混珠，自称为经典明式家具的低劣作品流入市场，玷污文化，欺骗受众。要看懂这些家具的优劣高低，以及它们是否符合"明式"二字的高标准，就更要对经典明式有着很好的掌握：搞清楚哪些是经典的款式，这些经典款式的讲究在哪里。看懂了经典，再拿经典的标准去看那些非经典，自然就明白了它们之间内在的各种差距。于是乎，哪些是"真讲究"，哪些是"穷讲究"，哪些完全"不讲究"，自然一目了然了。当看透了"真讲究"，也就搞懂了明式家具的内在文化和外在美学，这就好像习武之人打通了任督二脉，从此练就了神功，回过头再来看那些粗制滥造、故作高深、自以为是、黔驴技穷的家具时，便都无所遁形了。

所以，看懂经典明式家具的讲究，就是看懂明式家具的"武林秘籍"。

在我们细细展开明式家具的各种"讲究"之前，还需要搞明白一个问题：为什么明式家具里会有这么多的"讲究"？

家具自古就有，任何文明无不如此，汉代许慎在《说文解字》中写道："家，居也具，供置也。"意为家具是用于供奉与放置东西的，家具的功用性应该摆在第一位。不过，家具作为供置用具的功用性是很好实现的，且它与人们的日常生活关系非常密切，因而使用家具时，当人们对它实用性的要求得到满足后，在美观性、艺术性、舒适性、收藏性等精神方面的需求便会逐渐产生。换句话说，在历史上的大多数时候，人们对家具的要求，都不只是功能性那么简单。

人们对于家具的追求，是随着生产力和文化的发展而不断发展的。石器时代的人类衣不遮体、食不果腹，对家具的要求自然就很低，搬块石头就是凳子，铺上干草就是床榻。但随着生产力的不断发展，大家有了剩余价值，开始不用每天都琢磨如何寻找食物的时候，便对自己居住的空间有了更多的要求，对房间内所陈设的家具有了更多实用性以外的需求，于是家具的款式和种类便慢慢丰富起来，风格相似但种类不同的家具汇聚一起，演变成了一种"潮流"，潮流汇聚，而逐渐产生了文化。于是，历史上的不同时期，便有了不同的家具文化。

不过，在中国的历史上，有着好几个生产力和文明十分发达的时期，可为什么偏偏明式家具能成为中国传统家具的高峰，而不是"宋式家具"，亦或"唐式家具"呢？

首先咱们要搞清楚，明式家具并不是忽然在历史上出现的，它的产生是一种继承式的发展。我们假设人类社会的文明程度是不断上升的，那么明代文明对宋代、唐代的文明便是一种继承且发展的关系，从这个角度讲，越晚出现的东西，有了更多的技术和财富积累，其价值必然更高。那么，按照这个思路，清式家具岂不更好，更应该成为高峰？

实际上，文化和艺术的发展并非简单的增长，它们受到了很多不同因素的影响，通常呈现出螺旋式上升的态势，而非直线上升。狭义的明式家具被认为是中国家具的高峰，不仅仅因为它继承了"前人"的文化和创作，还与它所处的时代特征有关，它的发展是中国历史发展到了当时那个特定时期的结果。

让我们来简单梳理一下中国家具的发展过程，其大约可以分为两个时期：第一个时期是从新石器时代开始至宋代结束，主要特点为席地而坐的矮型家具处于统治地位；第二个时期是从魏晋开始一直至今，从西域文化与佛教文化传入的，垂足而坐不断发展的高型家具时期，高型家具直到宋代才取得统治地位。

在这两个时期的演变中，一共出现了几种不同的风格变化，并各具文化与特点。

第一个时期是汉代，由于汉代"侍死如侍生"的习俗，考古学家得以在汉墓中发掘出很多家具资料，此时的家具风格主要以髹漆家具为主。

到了唐代后，由于唐代兼具席地而坐与垂足而坐的文化习俗，所以家具的造型颇为丰富，其风格多以厚重、华丽、壮硕的审美为主，搭配有丰富的装饰和雕刻。

自宋代后，中国人对家具的审美又产生了变化，席地而坐逐渐减少，垂足而坐成为主流，家具造型开始从唐代的浑厚和富丽转变为清雅、简洁的审美，亦如宋代的瓷器，走向了自然、流畅、素简的方向。

明代家具实际上是对宋代家具的一种继承和开拓，明代是中国家具的成熟期，其品种、形式多样，结构科学合理，特点鲜明，在风格上发扬了宋代清雅、简约的审美情趣，并更具流畅和灵秀之美。

从明代到清代乾隆早期，中国的家具一直延续着这种风格，这种风格便是最负盛名、最享有国际声誉的经典明式风格。

乾隆之后的家具，风格从简约、清雅逐渐转向华丽、宽厚、敦实的方向，称为"清式家具"。自清晚期后，由于受到西方文化的影响，传统家具逐渐走向衰弱。

中国家具这些风格的转变，与所处时代的生产力、生产资料、物质水平以及群众的审美意识均有着很深的关系，所以要研究明式家具的特点及其审美特征的讲究，便离不开其所处时代的特征。

黄仁宇先生在其著作《万历十五年》中，通过一个历史截面反映出一个时代的历史变迁。我们可以反向借用这个方法，用明代的人文、政治、社会、历史等诸多因素况来推理一下：**为何明式家具在明代成为中国家具的巅峰。**

前面说过，一个事物要形成真正的"讲究"，通常需要两个方面的前提条件：一定的财富基础和丰富的文化底蕴。在经典明式家具形成的时期，社会经济和社会文化正好提供了这片沃土。

首先，明代的经济有两个重要的特点：第一是各类商品经济的迅猛发展，使得城市成为各种商品贸易的集散地；第二是明代开辟了海上丝绸之路，打开了中国与南洋国家贸易的渠道，并加强了中国与南洋地区的商品交易。

这两点均促进了家具文化的发展：从家具制作角度来看，商品经济的发展推动了民间手工业的迅速崛起，推动了工匠行业的发展与工匠技艺的进步，这为经典明式家具的制作提供了强大的工艺支撑；海上贸易的繁荣从东南亚国家带来了大量的名贵木材资源，主产自东南亚地区的红木自此成为明式家具的主要用材，此种精良而稳定的材料也是明式家具能流传至今的重要原因，红木资源的充沛为经典明式家具的制作提供了优质材料支撑。

在充沛的技术资源和物质资源的双重支撑下，文化的潮流一旦兴起，产业必然蓬勃发展，各种"讲究"便应运而生。

明代仇英版《清明上河图》（局部），该画作一定程度上反映了明代繁荣的小商品经济

明代的政治、文化、哲学、艺术都对明式家具的发展产生了巨大的影响，从形制、材料、工艺、韵味上造就了经典的明式家具。

其次，明代人对家具的讲究，和当时的社会风尚的推崇也有密不可分的关系。我们可以从下面这个皇帝的故事中窥见一二：

明熹宗朱由校，一位十六岁登基，二十三岁驾崩的短命皇帝，他在位的时间也正好属于经典明式家具所处的时代。

朱由校是一位颇有意思的皇帝。在中国的皇权时代，从来不乏一些有着独特才能和艺术追求的皇帝，比如写得一首好词的南唐后主李煜，书画双绝的宋徽宗赵佶，这些皇帝无一例外都被后世的史官们猛烈抨击，并被扣上了"玩物丧志"的帽子：毕竟皇帝要玩的是政治，而不是艺术。在这些"玩物丧志"的皇帝中，朱由校又是比较独特的一位，他所痴迷的并不是皇帝们自小耳濡目染的艺术和收藏，也并没有沉沦于物欲横流的生活方式之中。让他耽误了工作，钟爱一生的爱好非常的朴实无华——木匠活。小皇帝放着皇帝的正事不干，也不去享受生活，而是专研于木匠的手艺。

《寄园寄所寄》中记载："明熹宗天性极巧，癖爱木工，手操斧斤，营建栋宇，即大匠不能及。"皇帝的木工手艺，高到了连大工匠都无法比拟的程度。

据说朱由校因为看不惯宫里的床太过笨重，亲自设计、画图，手持斧锤，锯木钉板，用了一年多的时间，在当皇帝的业余时间做出了一张折叠床，这张床不仅轻便，可随意携带，而且有着细腻的雕花和精湛的工艺。

史料记载，朱由校在制作木器方面，有着极高的天赋，只要他看过的各类家具、亭台楼阁，他都能精细地还原。不仅如此，在制作木器的时候，他甚至达到了"浑然忘我""彻夜不眠"的境界。这种技巧，这种追求技巧的精神，简直是匠人的典范。当然，在大臣和史官们看来，这自然也是没出息到了极点。

一个皇帝沉迷于制作木器，不管在政治上的影响如何恶劣，在文化上必然会产生极大的引领效应，朱由校对木匠文化的热爱，为明式家具在当时的流行产生了巨大的推动作用。

我们可以想象：当全国的木匠知道自己的皇帝不爱江山和美人，却酷爱研究他们手中的这点活计时，内心将如何的欢欣鼓舞，这将如何强烈地刺激他们那颗勤学精进的匠人之心！

从当权者的爱好中，也不难推理出明代家具文化的繁盛，这在中国历史上，也是绝无仅有的。宋代的皇帝热爱琴棋书画，宋代也多出才华风流的文人雅士；明代皇帝酷爱匠人工艺，明代会涌现出工艺超凡的工匠，就是顺理成章的事了。

匠人们带来了工艺，贸易上带来了优质的材料，社会文化与潮流令家具使用者们有了更高的审美水平，这反向又推动了工艺的进步和材料的甄选，这些良性循环下，便诞生了真讲究的明式家具并流传到了今日。

所以，明式家具，那是名正言顺的真讲究，绝不是沽名钓誉的穷讲究。

最后，经典的明式家具种类也很多，它大体上可分为：椅凳类、桌案类、床榻类、柜架类和其他类。本书先来探讨一下坐具的讲究。

交椅

交椅是一种能够展现使用者气势和地位的椅子，我们常常认为地位崇高者才能坐在交椅之上。

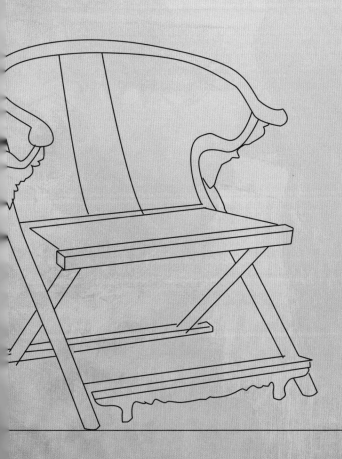

講究

交椅是一种可以折叠的椅子，因而方便携带。这和交椅使用者们的使用习惯有很大关系：交椅的使用者们一般都是有权有势、地位较高的人，而这样的人通常是不会一个人出门的，权势和地位都需要更多展示和衬托。所以当他们出行时，身边总需要随同一些跟班，用现在的话说，叫"小弟"。老大身边跟着的小弟多了，总不能闲着吧，需要给小弟们安排活，于是有的小弟负责开路，有的小弟负责牵马，有的小弟负责挑行李，自然还得有个小弟负责扛着一把椅子……

交椅是一种能够展现使用者气势和地位的椅子，我们常常认为地位崇高者才能坐在交椅之上。《水浒传》第五回说道："（李忠道：）他留小弟在山上为寨主，让第一把交椅，教小弟坐了，以此在这里落草。"这里的"第一把交椅"是个比喻，头领坐的并非一定是交椅，但"第一把交椅"一词必然代表了头领核心的领导地位。现在当我们说某人在某一个团体中具有领导地位或水平的时候，也常用"第一把交椅"来形容。这"第一把交椅"就如同"执牛耳者"，已然成为最高领袖和地位的象征。

明画《春游晚归图》（局部），图中的随从们随身扛着交椅与方凳

第一节

交椅从何而来

　　明式交椅是由一种叫作"胡床"的坐具发展而来的。胡床，也叫"马扎"，它的样子有点像我们现在家里常备的小折叠凳。在秦汉以前，汉人习惯性将中国北方的游牧民族称为"胡人"，而胡床就是由胡人发明并率先开始使用的。

　　胡人善骑马，喜欢游猎，所以使用的坐具以能够随身携带为好。胡床便是胡人设计并在游牧生活中携带、就座的工具。汉代的时候，这种便携的小凳子传入中原，汉人们也开始使用起了胡床，由于胡床便捷和实用的特点，它在汉人社会中很快流行起来，并一直延续使用至今。

　　体积小，重量轻，易折叠，这是胡床最显著的三个特点。宋代陶谷在《清异录》中写道："胡床，施转关以交足，穿便绦以容坐，转缩须臾，重不数斤。"这其中的"转缩须臾，重不数斤"便非常好地概括了胡床的特点。

明式胡床
胡床就像现代的折凳，十分好用，老头老太太出门时随手拎一个，排队时，树荫下，往地上随便一扔，顺势便可坐下，从此腰不酸了，腿不疼了

胡床虽然带着"床"字,但它是不折不扣的坐具。如《说文》中解释:"床,安身之坐者。"所以在古文中,"床"所表述的也有"坐具"的意思,并非只是睡觉用的床。

唐代的大诗人李白在他脍炙人口的《静夜思》中写了一句:"床前明月光"。这诗中的"床",所指的便是一个小胡床。结合诗文,我们不难理解,李白当时是拎着一个小胡床,坐在了院子中,因为只有坐在胡床上,才能做到后文的"举头望明月,低头思故乡",若是躺在睡觉的床上,就只能举头而不太好低头了。况且,唐代的建筑结构中,门窗很小,月光是很难照到室内的床前的。所以《静夜思》所发生的场景,应该在庭院中,而非室内,如此才更合情合理些。

当然,诗歌可以不用特别符合现实逻辑,也许李白家的床就摆在窗边,李白站在床旁,看到了月光。

那我们可以再看看李白的另一首诗,《长干行》中的一句:"郎骑竹马来,绕床弄青梅。"这句诗是成语"青梅竹马"的由来。小男孩骑着竹子,与女孩玩耍,诗句中男孩绕的"床",应该便是女孩坐的小胡床了。小男孩绕着小女孩坐着的胡床与小女孩玩闹,这才符合常理,小女孩的睡床可不是随便能绕着玩的。

"胡床"的名字变成了"交床",大约发生在隋朝的时候。古典家具界有一种说法:自隋朝起,少数民族开始融合,所以胡床中的"胡"字就有些犯忌讳,不利于民族团结,就把"胡"字改成了"交"字,取胡床侧面两腿交叉之意,也叫作"交杌"。宋代《演繁露》记载:"今之交床,制本自虏来,始名胡床,桓

"交杌"侧面,两腿交叉

伊下马据胡床取笛三弄是也。隋以谶有胡，改名交床。"说的便是这个事。

隋唐时期的交床通常没有靠背，用我们现在的话说，还属于凳子的范畴，算不上椅子。**交床从凳子变成椅子，大约要追溯到宋代的时候。**这和宋代的文化有重要的关系：宋人不仅风雅倜傥，对生活也有着细致的追求，为了让自己坐时更加安逸和舒适，便在交床后面加上了一圈圆形的扶手和背靠，于是形成了如今交椅的原型。

宋代小品画《蕉荫击球图》中的交椅

宋代张瑞义在《贵耳集》也写到了交椅："今之交椅，古之胡床也，自来只有栲栳样，宰执侍从皆用之。因秦师垣宰国忌所，偃仰，片时坠巾。京伊吴渊奉承时相，出意撰制荷叶托首四十柄，载赴国忌所，遗匠者顷刻添上。凡宰执侍从皆用之。遂号太师样。"

张瑞义认为交椅就是由胡床演变而来的，扶手通常为圆形，有权有势者都喜欢坐。文中还说到一则典故：时任宰相的秦桧喜欢坐交椅，他坐在交椅上时，可能因为比较懒，喜欢把头往后仰着，这样脖子上的围巾没一会儿就掉地上了。这事被吴渊知道了，心想拍马屁的机会到了，赶紧命人精心打造了荷叶形状的托首送过去，木匠于是将托首加在了椅子上，这种样式一时非常流行，称为"太师椅"。由此可见交椅在宋代已经非常流行了。

从宋代到明代，交椅的基本形制一直延续了下来，并且在工艺和用材上变得更加讲究。下面，我们要看的第一张经典明式交椅叫作"明式圆后背交椅"，此张交椅收录在多本经典的古典家具著作中，其中也包括王世襄先生的《明式家具研究》一书。

太师样
在前图《春游晚归图》中的交椅，也是这种带托首的款式

圆后背交椅

○ 明式圆后背交椅：工整而优雅的"第一把交椅"

　　对这张交椅的年代考证有个小的争议：据著名考古学家陈梦家先生的考证，这张圆后背交椅应该是元代的作品，因而严格来讲，不属于明式家具。但王世襄先生在书中说他从未见过陈先生考证此椅属于元代的确切证据，所以持保留意见，并将其收入明式家具之中。并且，王世襄先生认为在所见的同类型明式交椅中，这张交椅应该是制作时间最早的。

明式圆后背交椅
长 67.5 厘米，宽 53 厘米，
高 94.8 厘米

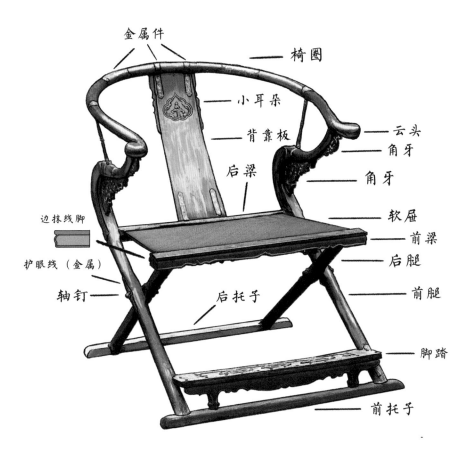

金属件

椅圈

小耳朵

背靠板

后梁

云头

角牙

角牙

软屉

前梁

后腿

前腿

边抹线脚

护眼线（金属）

轴钉

后托子

脚踏

前托子

明式圆后背交椅结构示意图

"明式圆后背交椅"可以称为明式交椅的经典基础样式，也可称为明式交椅的范本，后世的很多明式交椅都在延续这张椅子的风格。故此，我们以此张交椅为例来展示一下明式交椅的基本结构。

此椅通体由黄花梨制作，黄花梨多产于中国海南与越南，其木材细腻，略有降香，木制纹理飘逸如山水画，符合中国文人的审美，是明式家具最常用的木材之一。"明式圆后背交椅"的座面为软屉，选材及工艺均十分考究，在各个部件的连接处皆镶嵌有金属薄片，脚踏的面板也由金属覆盖。金属加木制的设计不仅可以在视觉效果上彰显出交椅独特的精致感，也大大增强了椅子的耐用程度和稳固性。

这里我们插叙一下关于椅子座面软屉和硬屉的讲究：明式家具坐具中椅、凳表面一般分为硬屉和软屉，**直接使用硬木材料制作称为"硬屉"；采用棕、藤等材料编织而成的称为"软屉"**。在经典的明式座椅中，硬屉和软屉都属比较常见的。由于座面比较宽大，硬屉座椅若是采用一

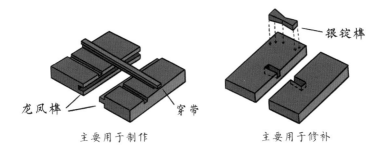

龙凤榫   穿带   银锭榫

主要用于制作   主要用于修补

硬屉座面及榫卯接合方式

软屉的正反面

软屉通过藤匠的精心编织，其表面能够形成相应的花纹效果

整块木料来制作，则相应的材料成本较高，尤其是使用黄花梨和紫檀等名贵木材的。所以，实际制作一般采用多块木板拼接的方法，如两块木板拼接称为"两拼"，三块木板拼接称为"三拼"，以此类推。若是使用软屉，则需要在制作好座面外框后，再由专门的藤匠拉棕编藤，整个过程需要纯手工制作，需要消耗不少的人力和物力，经典明式座椅的软屉有传统的编织工艺，成品效果细如丝织、紧密无孔，并且能排列出规整的花纹。

交椅能给人带来两种不同的视觉感受，如果我们以座面为分界线，可以将这张交椅分为上、下两个部分。上部分的组成主要为：圆形结构、包围式的椅圈、C形的背靠板、浑圆的扶手，以及椅圈与左右腿部之间各有两个连续的C形弯部连接。这几部分组成了一种流畅的、包围型的视觉效果。下部分则完全不同，主要由四条两两交叉的腿与前后两根托子组成，前托子上方安装了一个脚踏板，这种组合线条更加硬朗、明晰，呈现出一种简练和对称的观感，并带有少许的攻伐之气。

上、下两部分风格截然不同的构件，充分而又巧妙地组合在了一起。于是一张椅子，从正面和侧面看，呈现

明式圆后背交椅的正面

明式圆后背交椅的侧面

小楷"之"字

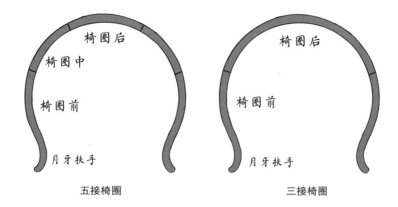

五接椅圈　　　　　　　　三接椅圈

出两种完全不同的风格：圆后背交椅的正面显得厚重、大气，给人以端正而稳定之感；侧面则显得灵秀，并带有棱角分明的尖锐，如同小楷书法中的"之"字，工整且优雅。在后世的经典明式家具中，几乎所有的圆后背交椅都以这样的风格作为核心。

此椅的椅圈是圆后背交椅中最重要的一个部分，它体现了整体轮廓中至高的圆的部分。**经典明式家具中的椅圈一般由三根或五根带弧度的长料组成，构成形式即"三接"或"五接"。五接椅圈包括两根"椅圈前"，两根"椅圈中"和一根"椅圈后"。三接椅圈则没有"椅圈中"。**

椅圈的圆弧达到了180°的半圆，如果取材为整料，那么对原料的要求非常高，其造价也会相当昂贵。但如拼接式做法只为节省成本，那么海量的明式座椅中，肯定会有几个椅圈是采用整料取材的，但实际上，目前所存实物中从未发现一张是如此来做的。

由于椅圈的角度需要达到180°的弧形，而这么大直径的木材，其中部和侧部在不同干湿度的情况下，会产生的收缩状况是不同的。所以如果是整料取材的话，势必会造成成品的变形；但若取料太过细碎，拼接太多，又会导致整个椅圈的牢固程度不足，也十分影响成品美观。明式家具最终达成的方案，是用三根或五根料进行组合，其中又以五根料较为常见。这是中国古代工匠在工艺美感与自然材料的限制之间取得的最为平衡的解决方案。

关于木材变形的说明：明式家具所选用的木材通常较为讲究，一般为高品级的珍贵硬木。相比一般的杂木，珍贵硬木的油性、色泽、硬度及柔韧性都更为优秀，但这并不代表硬木不会变形。相反，明式家具如果处理不当，由于它的连接处非常的坚固，木材的变形会直接导致面板等部位开裂，后果严重。所以在制作家具的时候，除了恰当的材料处理方法，选材的方式也非常重要。

从木材的生理特征来说：一般木材的纵剖面不会产生太大的变形，材料的变形通常出现在材料的横截面上。也就是说：若一根取材好的木料，它在长度方向上一般不会出现大的变化，而在宽度方向上则比较容易出现变化。

此椅的椅圈选用的是五根料组合的方式：椅圈后一根，居于椅圈的最后和最高部位；椅圈后的两侧各有一根椅圈中，椅圈中连接椅圈前；椅圈前向前延伸并顺势弯向外侧，形成S形的扶手。**这个扶手在名称上有一个讲究，常叫"月牙扶手"，也叫"云头"，一些老的木匠师傅称其"鳝鱼头"。**

鳝鱼头是整个椅圈最后的结尾部分，在不同椅型的椅圈中，这个结尾是有些不同的。在多数情况下，这个鳝鱼头的结尾总会做得比椅圈的直径略粗一些，但具体的弯曲角度、粗细比例，通常需要搭配椅圈的整体慢慢琢磨。**经典的鳝鱼头会让人在视觉上产生和谐之感：多一分则显笨拙，少一分则显穷酸。**当人坐在椅圈中时，两臂搭在椅圈上，两手向前，鳝鱼头最后自然而然地落在就座者的手掌中间。就座者两手对鳝鱼头的触摸与感受，也会影响一张椅子在细节上的成败。

椅圈安装在椅子上，并非平行于座面，而是与座面呈约15°的夹角，如

椅圈中的鳝鱼头

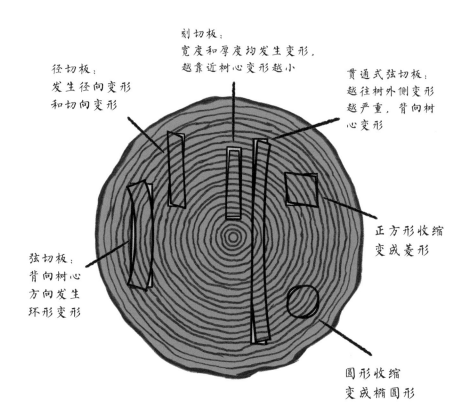

径切板：
发生径向变形
和切向变形

刻切板：
宽度和厚度均发生变形，
越靠近树心变形越小

贯通式弦切板：
越往树外侧变形
越严重，背向树
心变形

正方形收缩
变成菱形

弦切板：
背向树心
方向发生
环形变形

圆形收缩
变成椭圆形

木材横截面的变形方式
如用整木制成圆后背交椅椅圈这样大面积的圆弧形木料，是非常容易
出现变形的，这也是经典明式家具的椅圈往往采用拼接工艺的原因

此形成从后颈到两肩、两肘再到两手从高到低、顺势而下的全面支撑。椅圈的五根（或三根）材料之间，一般采用楔钉榫连接。所以在标准的明式椅圈上，我们可以看到四个（或两个）非常清晰的连接缝隙，这便是施加了楔钉榫的痕迹。楔钉榫是古典木制家具中常用的一种榫卯结构，常运用在椅圈上，由于这个结构中有一个楔形的"钉子"，故名"楔钉榫"。

椅圈往下，是交椅的视觉中心——靠背板。此椅采用的是C形靠背板，靠背板上雕刻了云纹透雕（在雕刻中，将浮雕花纹以外的地方凿空，以虚间实的方法称为"透雕"），两侧有花牙。

大多数明式经典椅子，它们的后背部位都会有一块靠背板，靠背板一般选择一块整体的独板来制作，加上靠背板通常是带有弧度的，故而需要选择一块比较厚的料。所以靠背板通常是一张交椅原料成本最高、尺寸最大的一块料。

选择靠背板时，除了要考虑原料的长宽与厚度，还要兼顾原料的木材纹理，因为靠背板所在位置正好是一张交椅的视觉中心，其木纹的特质会直接影响整张椅子的美感与风格，这也极大地考验开料师傅们的取材和审美能力。

当然，靠背板的取料也不是越大越好的，它的宽窄会极大地影响椅子的整体比例：如果一张椅子的靠背板太窄，师傅们一般称"穷器"，暗指家具的主人没钱买料，只能用窄的；如果靠背板太宽，则称"傻器"，暗指家具主人虽有钱却没有审美。所以一块靠背板的取材好坏，是十分关键的。

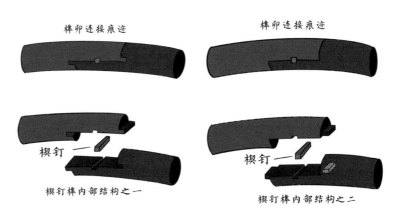

榫卯连接痕迹　　　　　　　榫卯连接痕迹

楔钉　　　　　　　　　　　　楔钉

楔钉榫内部结构之一　　　　楔钉榫内部结构之二

两种楔钉榫的外部痕迹与内部结构

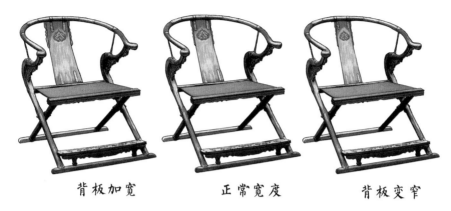

背板加宽　　　　　正常宽度　　　　　背板变窄

不同宽度靠背板的明式圆后背交椅

用窄了是穷，用宽了是傻，想要做一块合格的靠背板，相当的困难。那究竟什么样的比例最合适呢？这还真没有一个标准的答案。靠背板宽窄的程度最终还得通过椅子的整体风格来定，可谓相当的微妙。以此椅的靠背板为例，我们可以通过加宽和缩窄靠背板宽度的方法来进行对比，究竟合适不合适，美还是不美，其实通常直觉就可以帮我们下一个结论。

可以说，明式椅子的靠背板就好比车子的发动机，是价值最高、影响最大的一个部件，一旦失败，整体便绝对无法挽回。

靠背板的宽窄有讲究，其上的雕花也有讲究。我们以此张交椅为例，大约在靠背板的上三分之一处，有一个经典的雕花纹饰，在靠背板两侧有各有一片带花边的凸出。一些北京的老匠人管这两个凸出叫**"耳朵"**，耳朵的薄厚、大小皆有讲究。通常情况下，"耳朵"的边缘带有凸起的花边，这种凸起的线脚在明式家具中称作**"阳线"**。"耳朵"中间凹陷，外侧阳线的厚度和靠背板主体的厚度持平。

我们再来看一下此椅的角牙和脚踏等几个部位的细节。在椅圈的下方，直接用一根弯材与前腿进行连接，从侧面看，这个部位形成了一个弯曲度较大的拐势，并在连接处做了两个既美观又增强坚固度的设计：金属件的包裹与螭龙纹的角牙。这种连接方式也成为明式圆后背交椅的典型特征。

脚踏的设计依然是螭龙主题，明式交椅在脚踏的面板上常常包裹着金属面，应该是考虑到这一部位经常被脚底摩擦的缘故。脚踏下部通常安装一块带有两足的牙条，其两足直接连接底部的托子。牙条馊出壶门轮廓，令整体的风格更显精细和考究。

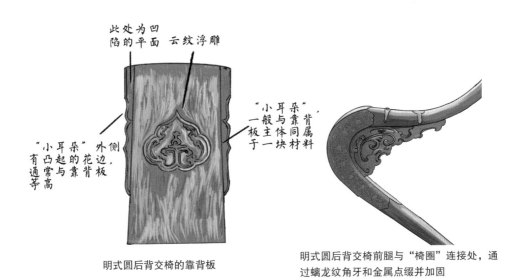

明式圆后背交椅的靠背板

明式圆后背交椅前腿与"椅圈"连接处，通过螭龙纹角牙和金属点缀并加固

明式圆后背交椅足部结构

工匠通常将交椅下方连接两腿的横料叫作"托子"，脚踏与托子之间通过一块精细雕刻的牙条相连

○ 黄花梨圆后背双龙纹交椅：高贵的龙纹交椅

此张交椅全名叫"黄花梨圆后背双龙纹交椅"，属于明晚期作品。从它的整体造型上不难看出，这张交椅基本延续了上一张"明式圆后背交椅"的风格，但此椅在制作的用料上似乎略显厚实一些，所以从视觉上看，它整体要粗壮一些，所展现的气势也更强。

这张交椅在靠背板和座面前框上精心雕饰了左右对称的龙纹，龙纹强化了整张椅子的贵族气质。包括此椅在内，很多经典的明式家具会选择龙纹作为雕刻题材，而龙的形象如果出现在如雕刻、绘画等作品中时，往往又会和云纹进行搭配，形成云龙相隐，灵动而缥缈的美感。

在中国传统文化中，龙代表了高贵，亦是皇室的象征。龙同时又极富神秘感，所谓"神龙见首不见尾"，倘若一幅绘画或雕刻作品中的龙过于完整，会缺少一些韵味，所以龙在形象上，总有一部分隐藏在云中。在经典明式家具的纹饰中，龙和云总是共同存在，既缥缈又高贵。

此椅的另一个特点是脚踏部位并没有做金属的全覆盖，而是采用如下图的一种以三个菱形加十一个铆钉镶嵌的金属件，这个造型叫**"方胜纹"**，在明式交椅中经常出现在脚踏的部位。此外，脚踏的左右两边外侧也镶嵌了两个祥云形状的金属包角用于加固及修饰。

黄花梨圆后背双龙纹交椅前梁的雕花

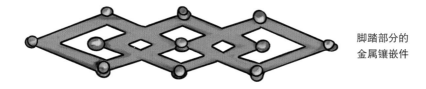

脚踏部分的
金属镶嵌件

黄花梨圆后背双龙纹交椅
长63厘米，宽45厘米，高101厘米

○ 明式素面圆后背交椅：复杂的雕琢是为了衬托中心的平素

此交椅名为"明式素面圆后背交椅"，收录于胡德生先生编著的《中国古典家具鉴赏与收藏》中，属于明晚期作品，以黄花梨制作，是一件非常有特色的圆后背交椅。

此椅最突出的特点在于其靠背板的设计，靠背板为C形，其主体为素面，上面没有任何的雕刻与修饰，如此强调出了木材本身独特的纹理和亮丽、润泽的质感。靠背板虽为素面，两侧的花牙却非常有趣：一般情况下，圆后背交椅靠背板两侧的"小耳朵"在靠背板的上三分之一处，短小且左右对称；但此张交椅的"耳朵"则布满了靠背板的两侧，不仅左右对称，而且上下对称，乍看之下，有如四个"耳朵"分布于靠背板的四角。

明式素面圆后背交椅
长73.7厘米，宽66厘米，高104.2厘米

这种设计的有趣之处在于：用复杂衬托了简单。首先，靠背板的主体为素面，呈现的是质朴和简约的风格，加上两侧阳线花牙的修饰，能让整体不落于平淡乏味。再结合整张椅子，通体采用了较多的金属部件，錾刻复杂细致，如果作为视觉中心的靠背板再使用复杂精细的雕花，就容易使得椅子整体过于烦琐，且主次不明。所以靠背板采用素面方案，既可以突出自然的木纹，同时用繁复的细节衬托主体的简约，这便如写文章一样，内容不必事无巨细，写得详略得当，阅读起来才更有趣味。

　　此椅还有一个有趣的地方：座面前梁的线脚和轮廓极为独特，这种轮廓造型在传统交椅中并不常见，反倒有些类似高束腰香几的束腰，但用在此张椅子上，倒是不显得突兀，反倒颇为融洽。

　　明式圆后背交椅在整体风格上都是比较相似，细节上则各有千秋，座面的前梁（轮廓与雕花）和靠背板通常是差异较明显的地方。

明式素面圆后背交椅座面前梁的轮廓

○ 黄花梨圆后背麒麟纹雕花交椅：三段攒框式，靠背板并不简单！

这张交椅全名为"黄花梨圆后背麒麟纹雕花交椅"，收录在《中国古典家具鉴赏与收藏》一书中，虽为清代作品，也是经典的明式风格。

这张交椅的前梁是圆后背交椅中常见的螭龙纹造型，靠背板上部镂空雕刻螭龙纹，中部为浮雕麒麟纹。这张椅子的靠背板并非整块料雕刻而来。在明式交椅中，靠背板有时会选择这种框架与面板组合的结构，称为"攒框式"结构：以两根带弧度的长料上下连接椅圈中与座面后梁，用两根横枨将靠背板分为上、中、下三个部分。通常情况下，中部板面最长，上部次之，下部最短。攒框式结构常用于明式椅子的靠背板上，它降低了靠背板选料的难度，也可使用更复杂、精密的雕刻工艺，同时还带来了一种独特的线面结合型的视觉美感。

黄花梨圆后背麒麟纹雕花交椅
长 73.7 厘米，宽 62 厘米，高 106.6 厘米

○ 明黄花梨圆后背雕花交椅：不镂空，何以体现经典之美！

"明黄花梨圆后背雕花交椅"收录于王世襄先生的多本著作中。作为明代雕花交椅的经典之作，这张交椅靠背板也为攒框式结构，整体三分，形状从C形变成了S形。对比C形的靠背板，S形靠背板对坐者的腰部有更多的支撑，尤其当坐者向后倚靠时，背靠板底部的凸起正对腰部，因而其更加符合人体工程学的设计。此椅的靠背板所用雕工极重，三段均做了镂空的雕刻：上部为螭龙纹，中部为麒麟纹，下部为卷云纹。另外我们可以看到，麒麟的位置正好处在靠背板前凸的位置，如此在视觉上麒麟会显得更大且更生动。

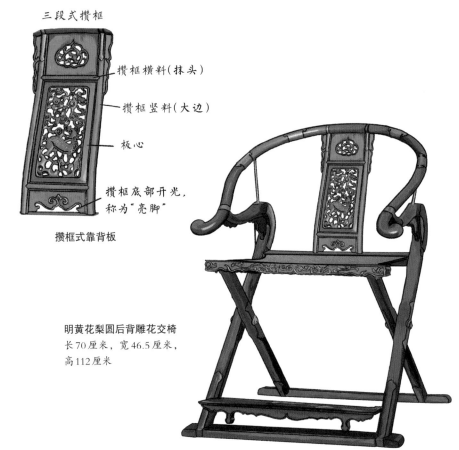

三段式攒框

整体弧线为S形

攒框横料（抹头）

攒框竖料（大边）

板心

攒框底部开光，称为"亮脚"

攒框式靠背板

明黄花梨圆后背雕花交椅
长70厘米，宽46.5厘米，
高112厘米

靠背板上的麒麟纹，
雕工细致、生动

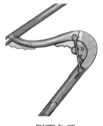

侧面角牙

由于此椅的靠背板十分精致、巧妙，在它其余部位的制作上，则会相对简单一些，从而保持风格上的主次清晰、详略得当。座面的前梁采用了常见的螭龙纹与卷草纹搭配，侧面的角牙选择了比较简约、质朴的造型。

经典的明式圆后背交椅在基本结构上是一致的：圆形的椅圈、软屉、脚踏、交叉的前后腿、足部托子的连接等，尤其是座面下方，相差甚小。不同圆后背交椅间的差异集中体现在它们的细节部位，如：背靠板结构、雕花的差异；角牙、前梁上雕花的差异；金属錾刻细节及覆盖面积的不同；等等。**如此也决定了，在判断一张明式圆后背交椅品级优劣，制作是否符合明式经典标准的时候，就需要从椅子整体的结构与局部的细节两方面来综合判断，优秀的仿制品在形制和细节处应基本还原原版的魅力和味道。**

现代制作的明式圆后背交椅
这是一张现代制作的明式圆后背交椅，基本采用了经典明式圆后背交椅的元素，座面采用了木条的连接来代替软屉，选材与制作都称得上精细、考究

直后背交椅

　　常见的明式交椅除了圆后背交椅，还有直后背交椅，两者之间的区别主要集中在座面的上半部：一个为圆形，一个为方形。**直后背交椅将圆后背交椅中的椅圈简化成了一根搭脑，并去掉了扶手，椅子的两条前腿直接连接搭脑，搭脑与靠背板平行。这种样式的改变使得直后背交椅看上去更加简练和秀气。**但是，这种变化也令直后背交椅缺少圆后背交椅展现出的那种强大的权势感和力量感。试想一下：当一个人坐在圆后背交椅中，可以将两肘张开，搭在椅圈

经典的光素直后背交椅

尺寸不详；虽然传世的经典直后背交椅要远少于圆后背交椅，流行程度也大不如圆后背交椅，但若看到它时，可别一不小心叫成了"方后背交椅"，那就有些露怯了

上，两手搭在月牙扶手上。这种身体自然舒展的姿势，能令人显得更加宽大，加上环绕型的椅圈带来的更大支撑感，可以加强坐者的心理力量，如此，坐在其中，自然显得更加有气势。直后背交椅没有扶手，人坐在其中，两手自然下垂，形体上便会显得窄一点，气场也会弱一些。

○ 素直后背交椅：简简单单，平平淡淡，请不要叫错我的名字

此张"素直后背交椅"出自《明式家具研究》，是非常典型且朴素的明式交椅，王世襄先生认为这张椅子可以作为明式直后背交椅的基本形制。此张椅子只在座面的前梁和脚踏上有一些线脚的设计，其余均为素面。它的前后腿交叉处有金属件连接固定，前腿在座面上部的部分与背靠板平行，都是带有C形弧度的，座面下的部分为直料。由此看来，直后背交椅在两根前腿料的选材上，若要保证是整料制作，所需的料还是较大、较为讲究的才行。

在张择端的《清明上河图》中，我们可以看到一张宋代的直后背交椅，画中的直后背交椅与明式直后背交椅的结构基本一致，搭脑为牛角式，靠背板变为两条横枨。

宋代《清明上河图》（局部）中"赵太丞家"的直后背交椅

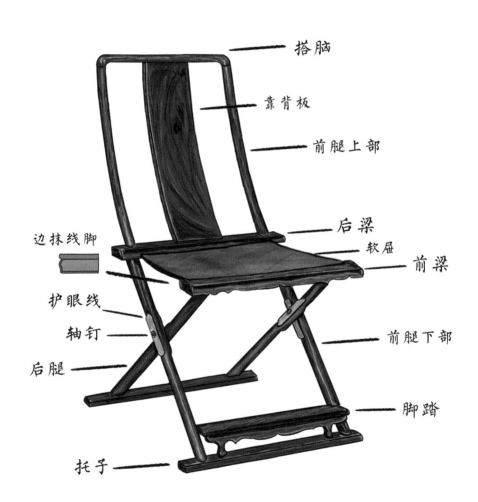

搭脑

靠背板

前腿上部

后梁

软屉

前梁

边抹线脚

护眼线

轴钉

后腿

前腿下部

脚踏

托子

素直后背交椅结构示意图

○ 黄花梨团龙纹交椅：只是一些小小的修改，便有更精巧的呈现

这是一张大名鼎鼎的直后背交椅，名为"黄花梨团龙纹交椅"，以黄花梨制作，收录在古斯塔夫·艾克所著文章《交椅的演变：欧亚座椅样式的研探》中。在2017年伦敦邦瀚斯中国艺术珍品专场拍卖中，四张同款交椅（称为"四张成堂"）合计拍出5296250英镑（约合人民币4612万元）。

此张交椅与上一张"素直后背交椅"的结构基本相同，只在搭脑的位置上做了小的处理：改成了中间凸起，两侧下垂的结构（有些类似罗锅枨）。这种改变令此张直后背交椅在风格上更显秀气、精致，当然，这根搭脑的用料也更为考究和精细，其材料成本自然也会更高一些。靠背板做了团龙纹的雕花与两侧"小耳朵"，并在其与搭脑的连接处用了两条金属条相连，座面前梁采用了经典的螭龙纹浮雕。几处小细节的改变和增加，为这张直后背交椅带来更加精巧、细腻的韵味。

黄花梨团龙纹交椅
尺寸不详

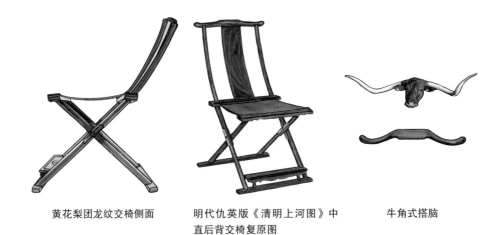

黄花梨团龙纹交椅侧面　　　　明代仇英版《清明上河图》中　　　　牛角式搭脑
　　　　　　　　　　　　　　　直后背交椅复原图

　　明代仇英所作《清明上河图》中也有一张直后背交椅。这张交椅与前两者的主要差别也在于搭脑，画作中直后背交椅的搭脑两侧出头上挑，形似牛角，又有似官帽椅之感，视觉上更显气势。

　　明式直后背交椅相比于明式圆后背交椅，其传世量要更少，经典的款式也较少一些，但在明代的画本中，如《三才图会》《麟堂秋宴图》中，我们也能常常发现它们的身影。

明代仇英版《清明上河图》（局部）中的直后背交椅

第四节

交椅式躺椅

○ 交椅式躺椅：看上去就很舒服的椅子

在明式直后背交椅的基础上，中国古代的匠人们进行了结构上的修改，将端坐的形态改成了斜躺的形态，于是创造出了交椅式躺椅。

马未都先生在他所著《坐具的文明》一书中收录了这张椅子。这是一张仅看上去就能令人产生非常愉悦与舒适感受的椅子。试想一下：在某个夏天的傍晚，斜躺于这张椅子上，在树荫、池塘、远山的怀抱中，在一座小亭下纳凉、休憩，如此惬意的时光，是否会生出一种"夫复何求"的感觉？

交椅式躺椅
长132厘米，宽71厘米，高96厘米

明画《梧竹草堂图》（局部）中的交椅式躺椅

　　以上的畅想便被仇英画到了这张《梧竹草堂图》中，寄情山水的雅士斜躺于画中，时间仿佛就此凝固，青山不再白头，绿水自此无波，万籁俱静，心境清明。见此画，自有一番惬意涌上心头，也难怪这张椅子被称为"醉翁椅"：醉翁之意不在酒，在乎山水之间也！

　　这张"交椅式躺椅"将直后背交椅的后倾幅度加大，去掉靠背板，用软屉代替，在前腿的上部加上两条笔直的扶手，扶手前端翻出类似圆后背交椅椅圈的两个鳝鱼头。**这种设计介于圆后背交椅与直后背交椅之间，既有圆后背交椅的雍容，又有直后背交椅的清雅。**由此，坐者斜躺于其中，自有一番心旷神怡的自在和洒脱。

此张椅子在搭脑上方，安装一个木制的枕头，枕头的设计，使其有一种介于椅子与床之间的无穷妙用。

交椅起源于游牧民族，由交床演变而来，自宋代起开始盛行，到明代发展至巅峰。宋、元、明、清的贵族们乐于在出行、狩猎或家中使用交椅，除了它方便携带的特点外，还因为它带着权势象征的内涵，是一种尊贵身份的体现。在交椅文明的延承中，明式交椅最为讲究，收藏价值也最高，除了完备的工艺外，还在于它经典的造型、考究的结构和名贵的用材。入清以后，交椅的使用逐渐减少，所以流传下来的数量也是凤毛麟角，但经典的明式交椅虽然传世不多，后世对它的仿制仍层出不穷。然而明式家具变化虽多，但万变不离其宗。<u>只有在结构、用料和美感上都符合经典的交椅，才称得上一把真正讲究的交椅。</u>

《明太祖朱元璋坐像图》中的交椅
朱元璋坐的，就是一把典型的圆后背交椅，此乃真正的明代"第一把交椅"

圈椅 _{（二）}

『外圆内方』是一种中国传统的美学符号。它被运用到了明式家具的制作上，且逐渐成为明式家具的一个经典符号，这就是圈椅。

講究 ZHANG JIU BA

一张讲究的明式圈椅，必然是文质兼具的，『文』指的是圈椅的外在造型，『质』指的是圈椅的内在功能。

《庄子·天下篇》讲道："圣有所生，王有所成，皆原于一。内圣外王之道，察众生之暗而不明，明我身之郁而不发，观天下之人，各为其所欲焉，以自为方。"

庄子说：在世间成就一个圣人，或者一个王者，都有一个重要的原因，那便是"内圣外王"之道。一个圣人（王者）能察觉到他人的阴暗而不明视，能够感知到自身的负面而不显露，明确天下人都有他们的欲求，而始终保持自己的底线和准则。

浪漫洒脱的庄子在此说出了一个中国人为人处世的大道理，叫作"内圣外王"。用我们现在的话来解释，就是做人对外要足够圆融与随和，能通达人情世故，遇事能屈能伸，处事进退自如且游刃有余；对内要足够方正与坚守，内心固守明确的原则和底线，坚定正确的目标，不被他人左右，清醒自知且逻辑清晰。这也称为"外圆内方"。

这个"外圆内方"的为人处事原则，在中国传统文化中备受推崇，有趣的是："外圆内方"还是一种中国传统的美学符号。它被运用到了明式家具的制作上，且逐渐成为明式家具的一个经典符号，这就是圈椅。

圈椅也叫作"圆椅"，从外观上看，它和圆后背交椅有明显的相似之处，尤其是椅盘上部的部分，两者都有较

讲究吧！明式家具
坐具篇

大的圆形椅圈扶手和靠背板。

圈椅的样子很容易辨认，它的上半部是如同圆后背交椅一样的圆形椅圈，这同时也是圈椅得名的原因；下半部分通常呈现为一个立体的方形结构。所以从正面看圈椅，是一个上圆下方的结构，其中圆形的部分会略大于方形；而从上向下看，便形成一个外圆内方的结构。

圈椅的"上圆下方"

圈椅的"外圆内方"

○ 明式寿字纹圈椅：一张满载名誉的传奇圈椅

这是一张大名鼎鼎的圈椅，名为"明式寿字纹圈椅"。此张椅子的通体骨架由黄花梨制作，椅盘为软屉，收录在古斯塔夫·艾克的传世名著《中国花梨家具图考》一书中。

上文在讲述黄花梨团龙纹交椅时曾提到古斯塔夫·艾克，这里对他做一下详细介绍：艾克先生是著名的中国古典家具研究专家，1896年出生于德国贵族家庭，他与中国有着不解的缘分，曾先后任教于厦门大学、清华大学、北京辅仁大学，传授西方的学问。在中国期间，艾克痴迷于中国的古典文化，对中国的铜器、玉器、家具、绘画都有着较深的研究。这张圈椅便是艾克明式家具的旧藏，他自己也十分喜爱并将其收录在书中。艾克称此圈椅为"ARM CHAIR"，意为"带有扶手的椅子"。不得不说，用英文来命名明式家具，显然不如中文来得精准和讲究，"带有扶手的椅子"这个名字显然无法准确地描述出此椅的特点。

除了经典的造型外，这张独特的"明式寿字纹圈椅"还有着非常传奇的经历：

1944 年
以前　　●　　由艾琳·希尔利兹夫人收藏。

1944 年　●　　被转让给古斯塔夫·艾克，并被收录到了他的著作《中国花梨家具图考》一书中。

1972 年　●　　被美国著名古董收藏家安思远收录到《中国家具明清式样》一书中。

明式寿字纹圈椅

长62厘米，宽48厘米，高102厘米

1981年 ● 清华大学美术学院教授陈增弼撰文介绍。

1982年 ● 在夏威夷为纪念艾克逝世十周年而举办的中国家具展上
展出。

2006年 ● 由艾克的夫人曾佑和教授捐献给了北京恭王府。

2013年 ● 在国家博物馆"大美木艺"——经典明清家具展上展出。

一看这履历，竟然如此辉煌，试问哪张椅子能有这等丰富且传奇的经历？这张经典的、国宝级的椅子带着属于明式家具的骄傲与讲究，漂洋过海，历经百年，满载着国际声誉，收获了各类大师的崇拜，最后叶落归根，回到中国，回归了最适合它的归宿：北京恭王府。

陈增弼先生称赞此张椅子为："此椅在明代传世的众多圈椅中是设计最成功的一件，堪称明式标准器。"

那么，这张被称为"明式家具标准器"的圈椅有什么特别之处呢？

此椅最大的特点就在于"标准"两个字上。咱们之前说过，**想要深入了解明式家具，实际上要学习一种风格，其中最好的方法莫过于找出一件最具备此种风格并最有代表性的标准器来，然后以此标准器为对象，深入地解析细节和变化，找出美感和韵味来**。这张圈椅便是难得的一件标准器，它的方方面面都能给我们带来标准明式圈椅的规矩和讲究。

此张圈椅的椅圈采用了五根料的组合：两根椅圈前，两根椅圈中，一根椅圈后。料与料之间以楔钉榫连接，前侧的两根椅圈前为S形，末端的鳝鱼头部位有细微增粗。

此张圈椅的靠背板为S形，在板面上三分之一的范围内，雕有一个**寿字纹**。以"寿"字或其变形后的纹饰作为雕花，是明式座椅中常常出现的重要纹饰。家具作为人们日常生活的用具，通常被寄予各种美好的寓意，其中"五福"便是重要的内容。"五福"最早出自《尚书·洪范》，记载为："一曰寿、二曰富、三曰康宁、四曰修好德、五曰考终命。"东汉时将"考终命"更改为"子孙众多"，于是"五福"也就变成了"长寿、富贵、安乐、好德、子孙

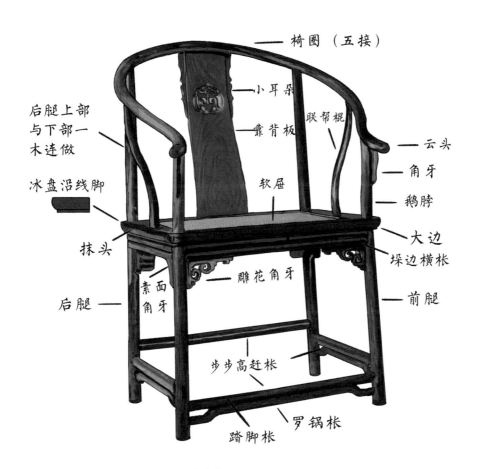

椅圈（五接）

小耳朵

靠背板

联帮棍

云头

角牙

鹅脖

软屉

大边

垛边横枨

后腿上部
与下部一
木连做

冰盘沿线脚

抹头

雕花角牙

素面角牙

后腿

前腿

步步高赶枨

罗锅枨

踏脚枨

明式寿字纹圈椅结构示意图

众多"。在"五福"之中，"寿"为"五福"之首，寓意福寿绵长，是"五福"中最为重要的。经典明式家具作为中国古代大户人家的家具，对其纹饰寓意也特别重视，所以在众多经典明式家具中，常出现"寿"的内容。寿字纹也成为此张圈椅最大的特点。此椅靠背板主体的两侧各有一个"耳朵"，与寿字纹平排，"耳朵"内部凹陷，边缘起阳线。

明式寿字纹圈椅之背靠板

圈椅的椅盘不同于交椅，交椅的椅盘只有前后两个横梁，而圈椅在椅盘上有四根木框料搭建的框架，框架中多为竹藤编织的软屉。**这四根木框料称为"边抹"，其中前后两根一般较长且出榫头，称为"大边"；左右两根相比较短且出榫眼，称为"抹头"。**四条框料两两之间以"格角榫"连接。

在经典的明式椅凳中，只要使用到边抹的，最传统的方法便是采用格角榫来连接。格角榫主要分为两种，通过格角榫连接后，边抹的外侧会留下如图中所示的痕迹。

格角榫结构之一　　　　　　　　格角榫结构之二

格角榫外部痕迹　　　　　　　　格角榫外部痕迹

格角榫结构

此椅的边抹采用的是冰盘沿的轮廓线。**明式座椅中边抹的轮廓线脚也有讲究，根据线脚断面的图形来分：若是上舒下敛的，因其造型颇似盘碟的边沿，而被称为"冰盘沿"；若并非上舒下敛的，一般多为对称形状，便是普通的线脚。**

在采用边抹结构的软屉椅盘中，软屉部分编织完成后，会再使用狭窄的四根木条压住编织边缘，形成完整的椅盘，所以在购买软屉椅盘的时候，我们可以看到软屉周围的方形痕迹。

此椅的椅圈和椅盘之间的连接，除了靠背板外，另外有六根木料：两条后腿直接贯通椅盘，连接至椅圈中；**前腿至椅盘为止，于椅盘上方的两根料称为"鹅脖"**，鹅脖在视觉上，仿若前腿在椅盘上的延伸，直接与扶手相连，但鹅脖与前腿一木相连的情况较少，一般都是单一用料，由于这根料的造型颇似天鹅的脖颈，故得此名，鹅脖作为椅圈前部的关键支撑，对圈椅的承重有着至关重要的作用；**在鹅脖和后腿之间，有两根对称的呈S形的木料，这两根料也有专门的名称，称为"联帮棍"。**

软屉椅盘

鹅脖

联帮棍是明式座椅中常用的连接扶手与椅盘的两根棍料，一般处在前后腿之间，左右两根呈镜面对称。由于圈椅的扶手通常要比椅盘宽，所以连接椅盘与椅圈的联帮棍必须带有一定的弧度，它们的造型也有各种不同。联帮棍的主要作用是承重和加固，同时也起到了一定的装饰作用，因它的弧形外观有些类似镰刀的把手，所以也有一些家具制作师傅将其称为"镰刀把儿"。

　　此椅的联帮棍采用的是弧度较小的两根S形用料，底部连接椅盘部分用料较粗，顶部连接椅圈部分用料较细，上部曲线外展，下部曲线内缩。这样设计的好处是让联帮棍和椅圈之间产生了一种动态的、流畅的线条结合，既可以弥补前后腿之间过多的空白，同时增加了整体的灵动感。两条联帮棍结合靠背板与前后腿，组成了一种非常有趣的视觉效果：在四条较直的木料中（后腿与鹅脖），穿插了三条扭曲的木料（联帮棍与靠背板），恰到好处地融合了强硬与柔软，僵固与妩媚，也进一步强化了方与圆、直和弧的融合。

　　假如我们拿掉这两个联帮棍，这张圈椅的线条就会变得平白直述，整体方正有余而灵动不足，美感便极大地下降了。

联帮棍

步步高赶枨

步步高赶枨为经典明式座椅中常用的一种赶枨，除了圈椅外，也常出现在其他座椅之上

此椅共有两处角牙：扶手与鹅脖之间有两个素面角牙，椅盘下方与四腿交接部位正面安装了素面角牙，侧面安装了带雕花的角牙。**在圈椅中，角牙是颇为重要的点缀：它是两条木料相交之间的过渡，柔化了视觉上的两个直料相交后所产生的楞直和尖锐，同时它通常并不做过于复杂的修饰，以免喧宾夺主。**

此椅的四条腿的底部，共有七根连接的木料。在明式椅子中出现的，**用于连接纵向长料的横料，我们称之为"枨"**，在此张椅子中，共有两种"枨"。

第一种是**"步步高赶枨"**。在此椅的四腿之间，有四根笔直的圆柱形长枨，这其中连接两条前腿的枨高度最低，连接两条后腿的枨高度最高，两侧的两条枨高度居中。这四根枨在视觉上产生了近低远高，有如脚踩台阶般的步步高升之感，故而称为"步步高"。在经典明式座椅的腿足底部，为了避免腿料在同一高度位置榫眼太过集中而导致的坚固程度不够，所以交叉在同一根腿料上的两枨会错开高度，这种造法称为"赶枨"。**步步高赶枨便是一种既有吉祥寓意，又迎合了材料特性、强化了实用性的讲究造法。**

在椅子足部连接的横枨，有一个专门的叫法——"管脚枨"，是管着脚的意思。此椅的管脚枨除了步步高赶枨外，在椅子的前、左、右的位置，各有一条中间高、两边低的连接木料，这种枨称为**"罗锅枨"**。此枨的外形如同罗锅拱背，因此得名，也可称作"桥梁枨"，这是明式座椅中常见的一种连接枨。

"明式寿字纹圈椅"是一张经典的明式圈椅，在这张椅子中，我们可以了解到经典明式圈椅的基本结构和用料规矩，同时，这张椅子也几乎成为现代工匠复刻明式圈椅的典范之作。

罗锅枨

现代仿制的明式寿字纹圈椅

在现代复原的明式寿字纹圈椅中，亦不乏出众的作品，这些作品通常在还原明式寿字纹圈椅的整体韵味外，还会稍做一些修改。例如这张圈椅，在形制上基本复刻了明式寿字纹圈椅的结构，也基本还原了原版韵味，只在角牙与寿字纹部分进行了细微的修改，使其更加贴近现代人的生活习惯和审美

此款明式寿字纹圈椅，由著名明清家具设计师田燕波先生设计，【座有坐相】品牌荣誉出品，选材为【座有坐相】品牌合作和生产方【祥晟隆】创始人郭跃祥先生提供的白酸枝缅甸瓦城脱骨老料。此椅荣获2019年"中国的椅子"评选二等奖

○ 素面罗锅枨圈椅：我不出头，当然更加圆润平和

在艾克所作的《中国花梨家具图考》一书中的，还收录了两张制式非常简约的经典圈椅，均为明代作品，黄花梨制作。

我们先来看一下这张，此椅名为"素面罗锅枨圈椅"。相比于"明式寿字纹圈椅"，这张椅子的设计要简约很多：它的靠背板为C形素面，前后腿贯穿椅盘与椅圈相连，去掉了联帮棍的设计，因而风格更显素雅。椅子上半部分最大的特点在于前腿料直接贯穿了椅盘，与椅圈直连，从而去掉了出头的扶手，线条于是显得更加圆润和平和。

素面罗锅枨圈椅
尺寸不详

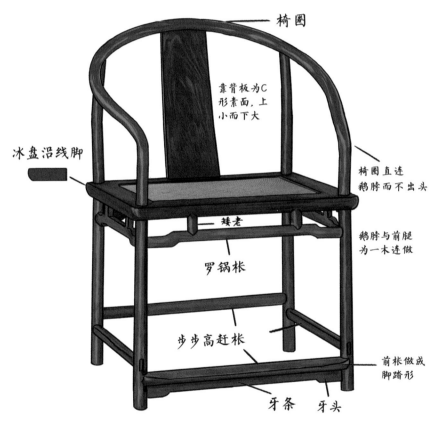

椅圈

靠背板为C
形素面，上
小而下大

冰盘沿线脚

椅圈直连
鹅脖而不出头

矮老

鹅脖与前腿
为一木连做

罗锅枨

步步高赶枨

前枨做成
脚踏形

牙条　　牙头

素面罗锅枨圈椅结构示意图

在椅盘的下部的两腿之间，分别安装了四组罗锅枨，每根罗锅枨与椅盘之间，都安装了两根短料，这两根短料也有一个有趣的名称——"矮老"。

矮老，顾名思义，是一块矮矮的短料，正因为短粗，所以坚固，也就如它名字一般稳重可靠。在明式的座椅中，矮老一般放置在罗锅枨或直枨与椅盘之间的空隙中，用于加强两者的连接，起到装饰和加固椅子的双重作用，越长的枨所需要的矮老越多。**于是，在明式圈椅中，矮老常与罗锅枨组合，可谓最佳拍档，经典搭配。**

此椅的管脚枨采用的是与"明式寿字纹圈椅"一般的步步高赶枨，在前枨的下方，安装了一个两侧宽、中间窄的牙条，用于加固和装饰，这种用于前腿管脚枨下方的牙条形式在明式椅子中也较为常见。

在众多经典的明式圈椅中，这张"素面罗锅枨圈椅"算是比较特别的一张：**它设计得极为简单，每一根料的使用都是实用大于装饰，且几乎没有一根多余的料，在圈椅的制式下，将明式家具崇简、流畅的风格发挥到了极致。**

矮老和罗锅枨

○ 素面券口圈椅：没有雕花，我将平素坚持到底

　　相比于"素面罗锅枨圈椅"，这张圈椅要稍微复杂一些，它叫作"素面券口圈椅"。当然，我们从图中不难发现，这张椅子只是复杂了一点，在诸多圈椅中也是走简约路线的。

　　此椅在椅盘之上的部分，与"明式寿字纹圈椅"有着几乎完全一致的结构，唯一的区别是此椅的靠背板采用了同"素面罗锅枨圈椅"一样的C形素面板，且没有"小耳朵"的修饰。此椅的管脚枨依然是步步高赶枨，但与"素面罗锅枨圈椅"有些差别：此椅正面的管脚枨下方并未安装牙条，而将牙条放到了两个侧面。

素面券口圈椅
尺寸不详

如此张椅子的名称所示，"素面券口圈椅"一个显著的特点是：在椅盘下方的立体方形结构中，采用了"券口"的设计。

在明式家具中，有"券口""圈口"等结构。在家具四条立柱的上、左、右三面镶板的叫"券口"；在家具四条立柱的上、下、左、右四边都镶板的叫"圈口"。

券口的设计使得框内的空间发生了变化，对椅子起到了装饰、支撑和加固的作用。在明式座椅中，券口一般安装在正面和两侧面，背面较少见。

券口横牙板中部下坠的弧线，称为"洼堂肚"，弧线柔顺、饱满，仿佛柔软的肚皮，边缘起灯草线，令整体有一种弹性的美感。

在采用了券口的圈椅中，以下图这张圈椅为集大成者。

券口牙头

券口牙板

洼堂肚

在这一四面空间内，由三块牙条组成的结构，便是"券口"

圈椅中的券口结构

○ 明黄花梨麒麟透雕靠背圈椅：圈椅中的"高富帅"

此张圈椅名为"明黄花梨麒麟透雕靠背圈椅"，收录在王世襄《明式家具研究》一书中。王世襄先生通过对此张圈椅雕花中的动物形象与雕工的考证，推测其制作时间不晚于明中期，并认为<u>就艺术价值而言，此张圈椅应该为所有明式圈椅中第一</u>。

此张圈椅的椅圈为三接，分为左右两根椅圈前，后部一根椅圈后，其中椅圈后的用料较常规圈椅弧度较平，使得此张圈椅的椅圈整体显得扁平一些。此椅在靠背板上方的"小耳朵"处，做了透雕的卷草纹设计，灵动小巧，以衬托中部麒麟纹的透雕效果；底部透雕出壶门形的镂空亮脚线，使得整体产生了一种精致典雅、虚实结合的美感。

明黄花梨麒麟透雕靠背圈椅
长60.7厘米，宽48.7厘米，高107厘米

麒麟尾部
疑似断裂

透雕麒麟纹

靠背板上的透雕麒麟纹是这张圈椅的视觉中心与核心标识。王世襄先生称这只麒麟"张吻吐舌，鬃鬣竖立，火焰飞动"。关于这只透雕麒麟，亦有一种说法：尾部下方的线条有些突兀，应该是鬃毛断裂了，因此一些工匠在仿制此张椅子的时候，会将尾部修复。

此椅的另外一大特点是在其后腿与椅圈的交接处，做了四处卷草形的雕花角牙，与靠背板上部、前腿与椅圈交界处，共同形成了一种统一的风格，如此既能强化细节的装饰，又形成了浑然一体的典雅风格。

在椅盘的下方，是"壶门券口"的设计，分别居于正面和两侧，牙板中间做了一个向上的收角，风格别致，王世襄先生称其"曲线圆劲有力"。椅盘下方壶门边线与上方牙子边线有着同样精细、锐利的风格，在浑厚大气的整体风格中融入了凌厉和精致，上下呼应，形成了鲜明的整体特征。由于壶门券口的存在，为使底足部分不至单薄而上下失衡，在步步高赶枨的下方的正面与两侧都加了牙条。从而在视觉上加重了底部的力量感，增强了整体的稳定感。

此椅是一张"高富帅式"的圈椅，它全身上下无不透露出品位和财富的气息，雕刻细致，用料大气，整体出众而细节别致，三接的椅圈用料展示着奢华和贵气。这件被王世襄先生誉为"艺术价值第一"的圈椅也是他的旧藏，被他作为著作《明式家具珍赏》的封面，现收藏于上海博物馆中。

这张圈椅不仅造型挺拔、高大，它的座面也离地较高，身高一米八的男士坐上，双脚尚且无法落地，而只能落在管脚枨上。于是，在这张圈椅的设计中，也暗含了圈椅的规范坐姿：落座圈椅时，坐者的双脚通常不落于地，交椅的脚踏板、圈椅的踏脚枨，都成为双脚落放的地方。如此，便可进一步突出坐者的尊贵身份，这也从侧面说明，**明式家具的设计，本身便是以适应古代贵族使用习惯而出发的**。

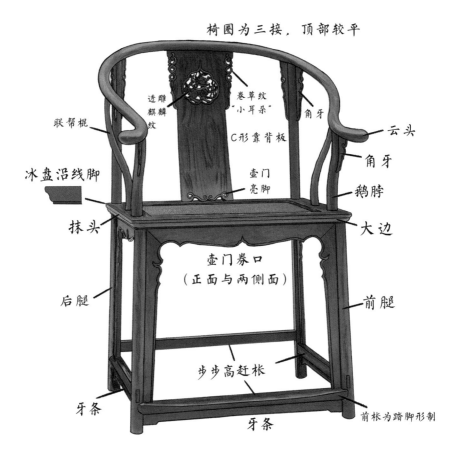

椅圈为三接，顶部较平

透雕麒麟纹

卷草纹"小耳朵"

角牙

云头

C形靠背板

角牙

联帮棍

鹅脖

冰盘沿线脚

壸门亮脚

大边

抹头

壸门券口（正面与两侧面）

后腿

前腿

步步高赶枨

牙条

前枨为踏脚形制

牙条

明黄花梨麒麟透雕靠背圈椅结构示意图

○ 黄花梨透雕麒麟纹圈椅：藏于故宫中的小麒麟

这又是一张透雕麒麟纹的明式圈椅，黄花梨制作。此张圈椅收藏于故宫博物院之中，与上一张"明黄花梨麒麟透雕靠背圈椅"有异曲同工之妙。两张圈椅有着同样的C形靠背板，同样透雕麒麟纹，且几乎同样的鹅脖与联帮棍的设计。不同的是：此张圈椅在后腿与椅圈上方连接处，并未安装雕花角牙，由此则显得清秀一些。设计者将更多的雕琢放在了椅子下部的壶门券口上：横牙板用的雕刻笔墨尤重，是复杂的卷草花纹，牙板边沿凸起的线脚与牙板上的浮雕融为一体，延续至左右两侧的牙条，形成一种雅致不俗、精致不乱的风格。

这张圈椅还有一个比较有意思的地方：椅圈云头内弯的幅度更大，整个头部如同卷轴一般内卷进去，如此，整个弧线在视觉上也更接近圆形。相比较"明黄花梨麒麟透雕靠背圈椅"的灵秀，这种云头更偏圆润。

黄花梨透雕麒麟纹圈椅
长59.5厘米，宽49厘米，高103厘米

○ 黄花梨雕如意卷草纹圈椅：清瘦而清秀，素雅的如意卷草纹

"黄花梨雕如意卷草纹圈椅"是一张较为偏基础型的圈椅，藏于故宫博物院，是明代圈椅的上乘之作。这张椅子椅圈的宽度相较同类型的圈椅要小一些，因此更显清瘦。或是为了配合这种清秀的风格，它在设计中去掉了联帮棍的部分，让椅圈的前部直接与鹅脖相连，而鹅脖的下部连接在椅盘抹头的中部，而非通常的前部，如此令结构更加清晰简单。在椅圈与鹅脖的交接处安装了素面的角牙作为修饰，同时也起到了加固椅圈的作用。此张圈椅在S形的背靠板上部，雕有如意卷草纹，相同风格的雕刻也出现在壶门券口上方的牙条上，上下形成呼应，主题鲜明。管脚枨是常见的步步高赶枨下加牙条的设计。

黄花梨雕如意卷草纹圈椅
长56厘米，宽46.5厘米，高105.5厘米

○ 明黄花梨雕龙纹圈椅：圆与方的结合，简单而流畅的线条

　　此张圈椅为北京硬木家具厂藏，明代作品，以黄花梨制作。此张圈椅背靠板为S形，在靠背板的上方雕刻了一个圆形开光，开光中浮雕龙纹。此椅的联帮棍设计得非常有特色，形成一个十分夸张的大C形弯曲。如此造法，令圈椅上部圆的元素整体浑圆感更强，也更流畅。它的扶手与鹅脖交接处放置有角牙，并在角牙上做了一个有趣的镂空设计。椅盘的下部设计得较为简单，四足之间，采用了一种常见的两侧宽、中间窄的牙条连接，这种形制的牙条在管脚枨下方较为常见，其中两侧宽部称为"牙头"，中间窄部称为"牙条"。

　　此椅的管脚枨为常见的赶枨，枨与枨之间错开高度，避开榫眼位置。四枨之中，两侧高，前后低，这是最为常规的赶枨做法。

明黄花梨雕龙纹圈椅
长54.5厘米，宽43厘米，高93厘米

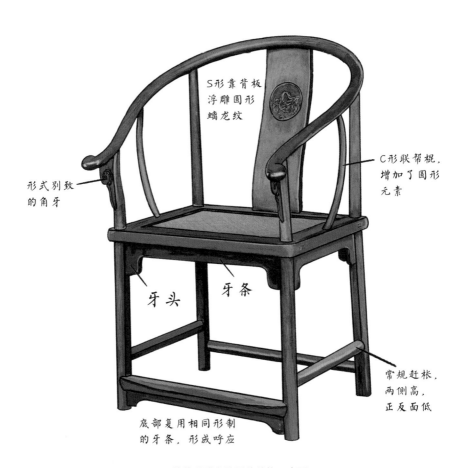

S形靠背板
浮雕圆形
螭龙纹

C形联帮棍，
增加了圆形
元素

形式别致
的角牙

牙头　　　牙条

常规赶枨，
两侧高，
正反面低

底部复用相同形制
的牙条，形成呼应

明黄花梨雕龙纹圈椅结构示意图

○ 黄花梨雕螭龙纹圈椅：满雕螭龙纹，这是身份的体现

"黄花梨雕螭龙纹圈椅"是一张满雕靠背板的明代圈椅，现藏于故宫博物院，黄花梨制作，软屉，结构上是经典明式圈椅常见的方式，并无特殊之处。**这张椅子很好地展示了明式座椅中"以简衬繁"的设计，它最大的特点，也是它视觉上的中心点，便是这块雕刻极为细致的螭龙纹靠背板**：这是一块C形靠背板，以浮雕的螭龙与卷云为主题，工艺布满了整块靠背板，用工极费，用料考究，具有很高的艺术价值。在椅盘下方的壶门牙板上，亦雕有相同风格的卷草纹饰，壶门券口边缘起秀美的阳线。除开靠背板和壶门券口的其余部分，使用的都是非常简单的用料和结构，这种设计，通过周边的简约衬托了椅子中轴线上的螭龙主题。

螭龙纹饰是明式家具雕刻中常用的内容。螭龙是中国古代传说中龙的一种，也是龙的儿子之一。它一般无角，体形也较为细长，明式家具通过螭龙来寓意美好、吉祥和财富。

黄花梨雕螭龙纹圈椅
长63厘米，宽45厘米，高103厘米

○ 黄花梨雕如意云头纹圈椅：将角牙运用到极致，尽显华丽细致

接下来给大家介绍一张用料厚重、装饰繁复的椅子——"黄花梨雕如意云头纹圈椅"。这是一张攒框式靠背板的圈椅，以其靠背板上方的"如意云头纹雕刻"命名。椅子的靠背板分为三段，攒框装板而成，上部雕有如意云头纹，中部素面板较长，底部有镂空亮脚，雕刻云纹轮廓，整体呈双S形。

此椅的整体纹理较为复杂，装饰也十分丰富，代表了经典明式座椅凝重、圆浑、浓华的特点。鹅脖与椅圈连接的前方，后腿与椅圈连接的两侧，都布满了云纹线脚的角牙，**六个角牙上连椅圈，下接椅盘，华丽异常，这在经典的明式圈椅中并不算常见**。除此之外，椅盘下方的四腿间，前方与侧方均有雕饰精细的云纹线脚壶门券口，上下

黄花梨雕如意云头纹圈椅
长61.5厘米，宽49厘米，高100.5厘米

应和，风格统一。管脚枨为步步高赶枨，在前枨与侧枨下部，也安装了同一风格的云纹牙条。

在经典的明式圈椅中，此椅属于角牙数量较多的，雕饰厚重且风格一致的角牙们除了极大地加强了椅子的稳固性，也带来了丰富的装饰效果。**此椅在经典明式圈椅中，属于略有些"另类"的。**我们从整体上看，会感觉它的线条有些烦琐，这完全不同于明式经典座椅对流畅性的追求。虽然如此，但它也不至于臃肿，或是滞郁。整张圈椅虽在云纹角牙的修饰下少了一些清雅的韵味，却也由此多了一种精致、细腻的考究感，卷云纹精致繁复的曲线构成了它鲜明的主题特点。

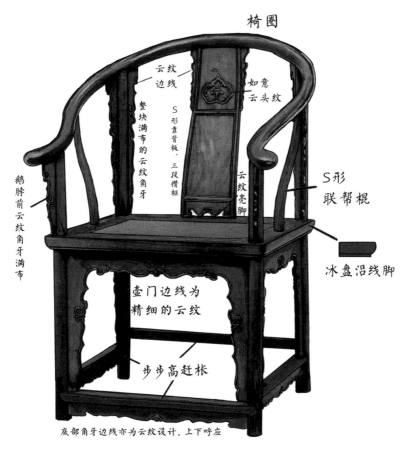

椅圈

云纹边线

如意云头纹

整块满布的云纹角牙

S形靠背板，三段攒框

云纹亮脚

S形联帮棍

鹅脖前云纹角牙满布

冰盘沿线脚

壸门边线为精细的云纹

步步高赶枨

底部角牙边线亦为云纹设计，上下呼应

黄花梨雕如意云头纹圈椅结构示意图

○ 黄花梨靠背板麒麟纹圈椅：以简衬繁的攒框式靠背板圈椅

　　相比"黄花梨雕如意云头纹圈椅"，"黄花梨靠背板麒麟纹圈椅"就是一张比较传统的攒框式靠背板圈椅了，此椅为明晚期作品，收录在马未都编著的《坐具的文明》一书中。此张圈椅的风格就比较平稳，通过"以简衬繁"的方法衬托出其独特的攒框式靠背板，靠背板的上部雕有圆形的花鸟纹开光，中部雕有麒麟纹开光，底部有一个较高的亮脚，边缘以卷草纹修饰。这张椅子的视觉美感基本是围绕靠背板展开的，呈现出细致与精巧的风格。

黄花梨靠背板麒麟纹圈椅
长58厘米，宽46厘米，高96厘米

○ 清紫檀有束腰带托泥圈椅：明式与清式风格结合的有束腰圈椅

　　这又是一个较为另类的家伙。"清紫檀有束腰带托泥圈椅"现收藏于故宫博物院，也收录在王世襄《明式家具珍赏》一书中，书中称其为清代作品，软屉，由小叶紫檀制作。此圈椅作为清代作品，故它既带有一些明式简约、流畅的风格，又有些清式重雕细琢的味道。

　　我们先来看一下它的靠背板：靠背板为攒框式，上部采用透雕，雕有镂空花纹的开光，是传统卷草纹的变体；中部镶嵌了一块瘿木（树木病变后的瘤体，纹理极具特色），素面，取其自然的纹理；下部雕刻出了云纹的亮脚。此椅靠背板的四个角处，分别安装了四块镂空雕刻的三角形角牙，这四块角牙的雕刻虽然是中国传统的卷草纹，但是用工很重，卷草繁密且卷曲，似乎有些许

清紫檀有束腰带托泥圈椅
长 63 厘米，宽 50 厘米，高 99 厘米

西方纹样的风格。同样风格的雕刻也出现在了扶手、足底等位置上。这些细密且精巧的卷草纹虽然出现在整张圈椅的各处，但只是小面积地、谨慎地应用在了局部，因而在整体上，这张圈椅依然保持了简练的造型特点，线条也较为流畅。设计者似乎有意加强了这两种风格的对比，以体现出一种独特的韵味。

在整体线条的走势上，这张圈椅采用了束腰的造型，并保留了明式家具的审美风格，方圆有度，线条张力十足。束腰的运用在明式圈椅中不太常见：首先，明代的圈椅，后腿通常穿过椅盘与椅圈直接相连，为一根整料。倘若加了束腰的造型，则腿就无法贯穿了，那么上下两截必然是分开的，成为两根料。所以说采用束腰的结构，实际上是牺牲了整体的坚实程度来追求造型的独特性。再者，为了整体线条的美感，此张圈椅的底部四足使用的并非直料，而是一种带有外凸弧线的取材，这种造法通过强化下部的宽度增强了椅子整体的稳重感，也强化了线条的力量感，平衡了上部繁重的雕花细节，使得整体上下平衡；再加上底部的托泥结构，更体现出稳重与大气。**明式家具中有的腿足不直接着地，通过横木或木框在下承托，这种木框称为"托泥"。经典的明式圈椅，是少有带托泥设计的，因而此张圈椅便有了独有的庄重和气派。**

此椅的细部卷草纹也匠心独具，靠背板和椅圈、座面相交处，使用了四大块镂空的角牙，这种方式加强了其正面观看的装饰效果。在月牙扶手和四马蹄足之上，利用本来要剔削掉的木材，镂雕成卷草纹，这种手法也十分别致新颖。**这些镂空的雕饰巧妙地融入整体风格之中，彰显其生动饱满、主次分明、自然流畅的活力。**

就圈椅的审美讲究而言，直要有直的呼应，弧也要有弧的呼应。此张圈椅所体现出的美感，四腿的弧度与粗细也是至关重要的一点。腿的弧度要与牙板的弧度交相呼应，并映衬上部椅圈的弧度。这三者完美的结合，才能产生流畅、优美的感觉，如此才能带给人一种安定与温润感，这也是此椅神韵得以体现的关键。

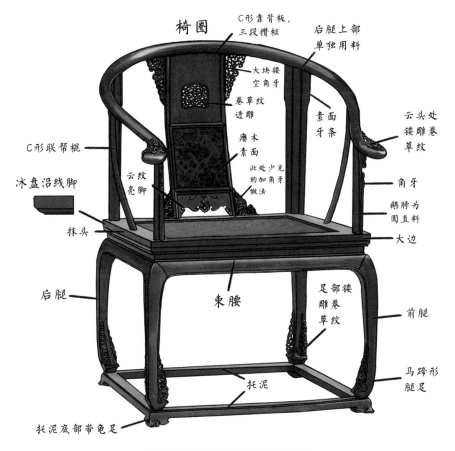

椅圈

C形靠背板，三段攒框

后腿上部单独用料

大块镂空角牙

卷草纹透雕

瘿木素面

素面牙条

云头处镂雕卷草纹

C形联帮棍

云纹亮脚

此处少见的加角牙做法

冰盘沿线脚

角牙

鹅脖为圆直料

抹头

大边

后腿

束腰

足部镂雕卷草纹

前腿

马蹄形腿足

托泥

托泥底部带龟足

清紫檀有束腰带托泥圈椅结构示意图

○黄花梨卷书式圈椅：独特的靠背板出头风格，带来书卷气

这张独特的靠背板出头圈椅名为"黄花梨卷书式圈椅"，为明代作品，黄花梨制作，属清宫旧藏。**此张圈椅的靠背板极具特色：由横竖四块料拼接而成，顶部高出椅圈较多，形成一个卷书式的搭脑，也由此而得名。**圈椅的腿部间安装了罗锅枨，枨与椅盘间以三个双环形的卡子花连接，既充当了矮老的作用，又加强了修饰的效果。管脚枨为步步高赶枨，正面枨下方安装牙条。

黄花梨卷书式圈椅
长73厘米，宽59厘米，高101厘米

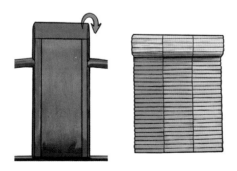

卷书式靠背板

○ 紫檀雕寿字八宝纹圈椅：一张可以贺寿的圈椅

　　此椅为清代作品，以小叶紫檀制作，以其雕花命名，叫"紫檀雕寿字八宝纹圈椅"。这张椅子最显著特点是其中部硕大的、雕琢精细的雕花靠背板。靠背板本身的结构便是一个精巧别致的花边造型，这在明式圈椅中并不常见。靠背板上方满雕海水江崖与八宝纹，中部一个草书的寿字，气势磅礴。

　　此椅的另一个特点是其独特椅圈的设计：椅圈为三根长料组成，以楔钉榫连接，不同于传统圈椅浑圆的椅圈，此椅的椅圈中部搭脑的用料较平，两侧扶手为S形，使它整体看上去偏向于一个圆角的方形。相比于传统的形制，这种椅圈的棱角更加分明，独具特色。在椅盘下方，腿足间以罗锅枨相连，枨与椅盘间安装了圆形镂空的卡子花，如此既增加了修饰，也加固了结构。管脚枨为步步高赶枨，在前枨的上方，创造性地安装了一块向内的长方料，以做踏脚使用。设计者似乎有意通过这块厚实的长料来加重下半部分视觉上的重量感，以此呼应宽大的靠背板，形成上下两部分的平衡。

紫檀雕寿字八宝纹圈椅
长62.5厘米，宽69厘米，高91厘米

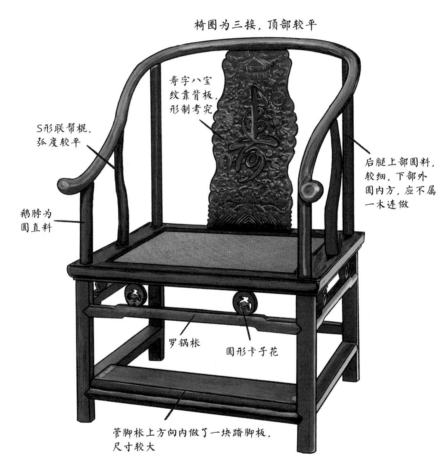

椅圈为三接，顶部较平

寿字八宝
纹靠背板，
形制考究

S形联帮棍，
弧度较平

后腿上部圆料，
较细，下部外
圆内方，应不属
一木连做

鹅脖为
圆直料

罗锅枨

圆形卡子花

管脚枨上方向内做了一块踏脚板，
尺寸较大

紫檀雕寿字八宝纹圈椅结构示意图

○ 黄花梨仿竹材圈椅：黄花梨仿竹制，高调地展示低调

　　这是一张造型较为特殊的圈椅，名为"黄花梨仿竹材圈椅"，为清代早期作品，现藏于美国纳尔逊美术馆。王世襄先生视此张圈椅为明式仿竹圈椅的经典，并将其收录在《明式家具研究》一书中。美国收藏家安思远先生也极为重视此椅，并将其收录在著作《中国家具》中。

　　此椅的整体除了足底的一根迎面落地长枨外，其余的所有的材料全都雕竹节纹，以模仿竹材的样式来制作。其攒框式的靠背板分为三截：上截用攒斗的方法，做成了四瓣形的图案，内部为圆形的龙纹透雕；中截镶入了整块的瘿木板，突出了独特的木材纹理；下截的亮脚颇具匠心地做成有如竹管攒成的样式。椅圈与鹅脖、后腿的连接处均安装了细长的托角牙子，外形如细竹竿，牙子上端与鹅脖、后腿之间留出空隙，显得格外生动、灵巧。

黄花梨仿竹材圈椅
尺寸不详

此椅在用硬木模拟竹材方面，下足了功夫，由此展现出了一种生动和自然的气韵：设计者不仅把每个竹节做成了长短不一的独特造型，在椅子的足端还造出了类似竹根形状的结构。不同部位的仿制造型虽然长短、粗细不一，但是整体却十分的对称且合规，既体现了细节上的活泼生动，又展示了制式上的沉稳和规矩。

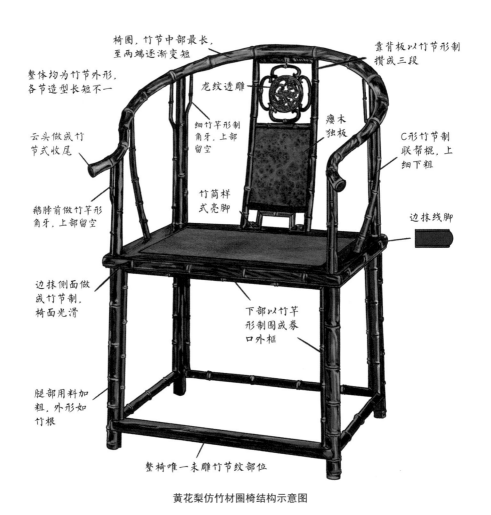

椅圈，竹节中部最长，至两端逐渐变短

靠背板以竹节形制攒成三段

整体均为竹节外形，各节造型长短不一

龙纹透雕

细竹竿形制角牙，上部留空

瘿木独板

云头做成竹节式收尾

C形竹节制联帮棍，上细下粗

鹅脖前做竹竿形角牙，上部留空

竹筒样式亮脚

边抹线脚

边抹侧面做成竹节制，椅面光滑

下部以竹竿形制围成卷口外框

腿部用料加粗，外形如竹根

整椅唯一未雕竹节纹部位

黄花梨仿竹材圈椅结构示意图

○ 紫檀矮素圈椅：腿短，却从不输气势

此张圈椅名为"紫檀矮素圈椅"，现藏于故宫博物院，为明代作品，属清宫旧藏。

此张圈椅的造法是圈椅最为基础的形制：椅圈与鹅脖、后腿直接相连，中间为S形的联帮棍连接，靠背板纯素面，S形结构。座面的下方为壶门券口结构，边缘起阳线，线条流畅、有力。此椅如它名字所示，是一种较常规的明式圈椅矮一些的做法，类似于常规款式的矮足圈椅，常作为古时富贵家庭中的儿童椅使用，也有放置在轿中使用的，所以也称为"**轿椅**"。

紫檀矮素圈椅
长59厘米，宽37厘米，高58厘米

○ 黄花梨雕花卉纹藤心圈椅：一张长得像花瓶一样的圈椅

这张椅子看上去像是一张圈椅，但是结构与之前所见的圈椅差别较大。比起那些经典的明式圈椅，这张椅子的装饰过于复杂，雕刻也很繁复，用工显得极重，虽不太常见，但它也确属于明式圈椅中的一种，名为"黄花梨雕花卉纹藤心圈椅"。

此椅属明代作品，清宫旧藏。它有一块造型特殊的靠背板，不同于常见的三拼式攒框结构，此款靠背板为"四拼"，且每一块上都做了较为烦琐的雕工：上部雕刻出如意云头开光，内雕麒麟纹饰；中部浮雕了大面积的奇石与花卉的图案；再下为如意纹，用料较扁长；最下为如意壶门式的亮脚。椅圈与后腿并不相连，而是采用了两根长料取代了后腿在椅盘上方的部分。靠背板的两侧安装了两块曲线花边的牙条，起阳线，线条锐利有力，相同风格的牙条也出现在了鹅脖以及椅盘上方竖直长料两侧。由于靠背板较长的设计，因而**此张圈椅又**

黄花梨雕花卉纹藤心圈椅
长60.5厘米，宽46厘米，高112厘米

三弯腿

靠背板上的浮雕

创造性地在椅盘的上方用攒框的结构加了四块绦环板，分布在靠背板两侧和扶手下侧，并透雕了丰富的图案用以装饰，如此，着重加强了这张圈椅的包围结构与视觉上的厚重感。

此椅在椅盘和四足之间做了一个结构的过渡。此种方式称为"高束腰"结构，束腰的部分镶了四块雕有螭龙纹的绦环板，如此做法令整张椅子变得更加修长、生动。同时，为了使椅子整体的线条不至于枯燥，四腿做成了S形内弯的弧度，即三弯腿，两腿与中间壶门牙板组成的整体线条显得优雅、古典。足底部分做了一个仿龙爪的雕刻设计，也极具匠心。

足下采用了托泥的结构，托泥下部又做龟足，两足间做出壶门式的牙条，为此椅做了一个精致的收尾，令椅子整体的视觉风格一致，浑然一体。

此椅是一种独特的圈椅风格，它虽采用了明式圈椅的基本结构，却抛开了明式家具简洁、明快的风格，并反其道而行之，加上了较多厚重的雕工修饰。为此，它采用了较多的攒框结构来将整体风格变得更加复杂和烦琐。但从最终的成品来看，**这张圈椅或许未得明式简约美感的精髓，但仍然不失为一件风格独特、极富韵味的家具艺术品。**

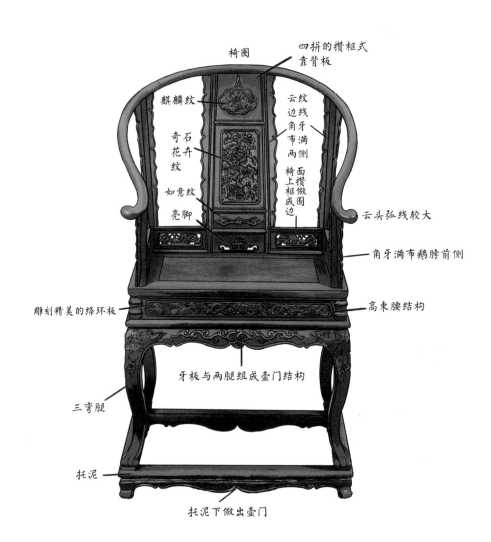

椅圈

四拼的攒框式
靠背板

麒麟纹

石奇
卉花
纹

云纹边线角牙满布两侧椅上框做成边

如意纹
亮脚

云头弧线较大

角牙满布鹅脖前侧

雕刻精美的绦环板

高束腰结构

三弯腿

牙板与两腿组成壶门结构

托泥

托泥下做出壶门

黄花梨雕花卉纹藤心圈椅结构示意图

○ 黄花梨雕夔龙纹肩舆：肩舆，抬着走的圈椅

肩舆，即轿子，是古时富贵人家的代步工具，在使用时，由前后各一人抬轿，主人端坐在椅上。"黄花梨雕夔龙纹肩舆"为圈椅制式，明代作品，属清宫旧藏，现藏于故宫博物院中。

此张椅子的款式也是颇为精致的，靠背板为攒框式结构，上部与中部都是素面板，只在底部的小部分亮脚做了夔龙纹的雕刻。靠背板左右、鹅脖、联帮棍上均安装了夔龙纹雕刻的牙条。因为是作为肩舆使用的，所以在束腰的部分做了抬杆的夹持位置，座面、束腰上都镶有铜镀金的包角。此椅的座面为软屉的结构，四足落在一个长方形高束腰的台座上，台面也是软屉。**此肩舆制作工艺精湛，结构独特，是明式圈椅用作肩舆的代表作品。**

黄花梨雕夔龙纹肩舆
长 64 厘米，宽 58 厘米，
高 107.5 厘米

关于明式圈椅的讲究，我们举了以上的例子来说明。圈椅因圆形的椅圈而得名，所以椅圈是其代表性的组成元素。它的外形延承自交椅，宋代时便有使用，在明代时，这一款式的艺术价值发展到巅峰，并成为中式座椅的经典之作，后世仿制作品层出不穷。若要搞懂明式经典圈椅的讲究，总的来说，还需要从几个方面去考究。

首先，从形制上看，一张圈椅是否讲究，得看它是否有足够的文化传承，能否反映明式圈椅的审美精髓。明代文化的一个重要思想是基于儒家的"天人合一"，这一思想延续至今天，也成为中式美学的基本理念和设计思想。"天人合一"所倡导的是自然与人文的有机协调，"天"是自然的"天理"，是万物运行自有的秩序，"天人合一"强调了人作为"天"的组成部分，应充分融入"天理"之中，顺应"天理"而为，如此才能形成"和谐"的美感。这一思想成为圈椅主要的审美精髓：明式圈椅的整体造型讲究自然和朴质，追求以"大道至简"的方式去诠释"天理"，因此多数的圈椅造型偏于简约与规矩的设计。在细节上，圈椅注重局部与整体的协调一致，顺畅合理，并力图将粗与细、直与弧进行自然而有趣的结合，例如椅圈端

圆形开光

部云头的设计，会充分考虑椅圈整体的弧线和粗细，带给人以自然、圆润的美感。圈椅的椅腿通常内外有别，外侧为圆弧形，内侧为方形，给人以视觉上的多重变化，强化了动态的美感。明式圈椅的整体造型，给人"外圆内方、上圆下方"的视觉感受，这也是它与传统文化融合的结果，映射着自然"天理"中的"天圆地方"，也代表了中国古人与自然相处的朴素思想，是对和谐之境界的精神追求。

其次，在于材质的选择，众所周知，明式家具的选材一般为珍贵硬木，其中常见的是黄花梨和紫檀，这些材质本身便有着独特的质感，它们有着光泽温润、细腻丰富的纹理。**一张讲究的圈椅会在材质的选择上下足功夫，尤其是它的靠背板、牙板、椅圈等位置，都会选择纹理独特且风格一致的料进行拼合**。例如：三接椅圈或五接椅圈，每一根料在纹理上须有衔接；椅盘边抹、角牙与大料之间的衔接，都有色泽和纹理上的讲究。在圈椅诸多的选料中，靠背板作为视觉的核心与最大的一块用料，也是最为重要和讲究的部分。还有，好的圈椅在材料的选择上足够考究，方能在整体上展现出一种"浑然天成"的美感。

再者，工艺和细节也是需要讲究的重要内容：圈椅的主要部分包括椅圈、靠背板、椅盘、足部、枨子、角牙等部位，**各部位之间必然要以传统的榫卯结构相连，各部位用料的准确性、完整度及雕刻美感，都是一张圈椅是否考究的重要标志**。

最后，一张讲究的明式圈椅，必然是文质兼具的，"文"指的是圈椅的外在造型，"质"指的是圈椅的内在功能。换句话说，便是美观性与实用性兼备。明代文化强调

唐画《挥扇仕女图》（局部）中的圈椅

的文质平衡，是既要注重文化内涵，又要兼顾使用价值。椅子可以成为艺术品，但它首先要具备椅子的功能。比如圈椅的椅圈，它不仅是圈椅文化的视觉符号，同时也给使用者提供了更好的舒适度，倚在椅圈上，双臂顺势而下，自然放松；再如靠背板常常采用 S 形或 C 形的造型，这不仅给人以视觉变化，同时又能贴合使用者的后背，令就座更加舒适；角牙的设计，除了在部件之间起到加固的功能，又发挥出点缀和衬托的作用。总之，一张讲究的圈椅，除了好看，还得好坐。

扶手椅

扶手椅指的是既带靠背又带扶手的椅子。这其中，最经典的便是官帽椅与玫瑰椅。

（四）

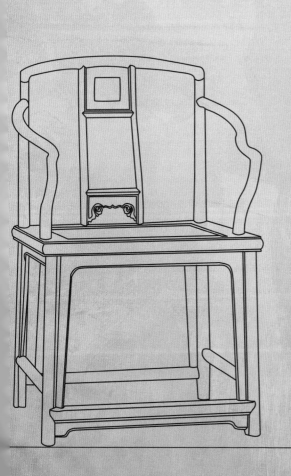

講究 JIANG JIU BA

明式扶手椅种类丰富，器形多样，适用于不同的生活场景，其中的讲究也颇多。

我们通常说的明式扶手椅，指的是那些既带有靠背，又带有扶手的椅子。若是按照这个标准来分类，那圈椅和交椅也同样带有扶手和靠背，自然也应被列入扶手椅一类。但这两者圆形的元素太明显，而扶手椅一般偏向于方形，所以在命名上，我们说的明式扶手椅是不包含圈椅与交椅的。

在经典的明式扶手椅中，又细分出几个特色明显的椅种，其中最主要的，便是大名鼎鼎的官帽椅与玫瑰椅两类。

第一节

官帽椅

我们先来说说官帽椅的讲究。

对于中国古代寒窗苦读的学士而言，一生的目标无非就是凭借文章入仕，带上那一顶足以光宗耀祖，宽慰数十年废寝忘食、寡欲少欢之苦读时光的官帽。于文人而言，一项官帽，是他们穷其一生的追求，是治国平天下的理想，是荣耀故里的象征，是羡煞旁人的光环，是丰衣足食的起点。这一观念，直至现代依然如此，所以对深受儒家文化影响的我们来说，入仕从政总有着非凡的意义。

在明式家具中，就有这样一种椅子，无论从造型上还是文化上，它都继承了中国文人对权势和地位的崇拜和期盼，它以官帽为名，称作"官帽椅"。

经典的明式官帽椅分两种，根据其所流行的地域划分，可分为"南官帽椅"和"北官帽椅"，其中北官帽椅因搭脑和扶手都出头，也称为"四出头官帽椅"。我们先来看一下南官帽椅。

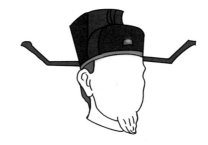

明代官帽图
从侧面看，官帽椅的扶手、靠背形成的高度差和宋明时期官帽前低后高的形制相比，颇有几分相似之处

明式南官帽椅得了明式家具的精髓——简约而流畅，无论在材料、造型、结构乃至功能上，都为用而设，不带半点虚饰。所以南官帽椅的造型风格通常是简洁明快且大方得体的。

○ 素面南官帽椅：简单质朴的基础型南官帽椅

这是一张简单至朴素的南官帽椅，名为"素面南官帽椅"，也称为"黄花梨方背椅"，收藏于故宫博物院中，也收录在王世襄先生《明式家具研究》一书中。此椅由黄花梨制作，通体为圆材，软屉座面，靠背板光素，尺寸适中，是明式南官帽椅的经典造型，可作为我们了解明式南官帽椅结构的一个基础款式。

明式官帽椅中最高部的一根料，称为"搭脑"，其高度通常是人坐下后后脖的位置。南官帽椅的搭脑为一整根木材，因其两端不出头的特点，与后腿的

素面南官帽椅
长61.5厘米，宽47厘米，高92.5厘米

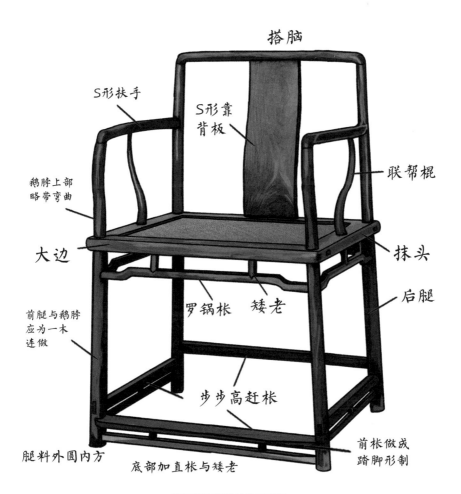

搭脑

S形扶手

S形靠背板

鹅脖上部略带弯曲

大边

前腿与鹅脖应为一木连做

联帮棍

抹头

后腿

罗锅枨　矮老

步步高赶枨

腿料外圆内方

底部加直枨与矮老

前枨做成踏脚形制

素面南官帽椅结构示意图

接合处通常会做软圆角的处理，如此使曲线更加圆润。这种处理有两种传统制法：第一种叫作"**直肩法**"，明代的大部分黄花梨家具通常采用这种方法，椅子的靠背立柱料顶端做出方形或长方形的榫头，搭脑两侧下垂处的端口挖出相应的榫眼，然后将二者套接。从外部看，这种方式接合部位的接口平整流畅，缝线平行于地面，且因其形状十分类似烟斗管，匠人们常会将这种接合方式称为"**挖烟袋锅**"，这种榫卯结构也俗称为"**挖烟袋锅榫**"。

至清中期开始，出现了45°斜角的格角榫相交，其交合方法是将后腿顶端与搭脑两侧都做成45°的斜切，且各留出榫头与榫眼，像两手相揣，俗称"**揣揣榫**"。从外部看，这种接口是斜角，如同斜肩。

无论是哪种接合方式，南官帽椅的搭脑与后腿的连接部位都没有出头，其优点在于可以有效避免木材的断面外露，从而相对降低空气干湿变化对木制家具的破坏。但这种做法的问题在于搭脑、椅腿之间只能依靠内部细小榫头接触的摩擦力连接，接合的部分容易断裂损坏，所以这种"**圆材闷榫**"的接合处做得是否严密，将直接关系到椅子使用时间的长短。

在椅盘上方，南官帽椅的后腿侧面另开有榫眼，连接扶手，扶手与鹅脖同样以"挖烟袋锅榫"连接，扶手下有联帮棍，下接椅盘的抹头。此张"素面南

挖烟袋锅榫
外部痕迹

挖烟袋锅榫
内部结构

挖烟袋锅榫的连接方式

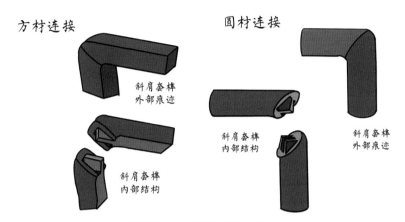

方材连接

圆材连接

斜肩套榫
外部痕迹

斜肩套榫
内部结构

斜肩套榫
外部痕迹

斜肩套榫
内部结构

揣揣榫（斜角套榫）连接方式

官帽椅"扶手的用料是向外带有弧度的，鹅脖也带有一定的弧线，再结合S形的联帮棍与靠背板，形成了一种略带包围感的视觉效果。这种外弓的扶手，也更加符合人体工程学，如此人坐在其中，将两臂搭放在扶手上，也会更加舒适。靠背板为S形，素面，上连搭脑，下连椅盘大边。

此椅的椅盘下方安装了四根罗锅枨，连接四腿，枨与椅盘间以矮老连接（正面两根，侧面一根），这是经典明式座椅中比较传统的做法。管脚枨为步步高式赶枨，并在正面与两侧下方多加了一条直枨，再以短小的矮老连接，这种做法比较精致，起到了装饰和加固的双重作用。

此椅是一张较为规整的椅子，椅盘上部各处均不出头，整体的设计简练、优雅，通体采用圆材用料，线条以直线为主，细部采用弧线结构，方正中带有些许灵动，极具明式南官帽椅的神韵。

○ 明黄花梨高扶手南官帽椅：上部灵巧有趣，下部工整大气

明式南官帽椅的扶手有平行于椅盘的，也有如此张南官帽这般，扶手后部高起向前倾斜的款式。此椅现藏在北京的颐和园中，为明代作品，名为"明黄花梨高扶手南官帽椅"。

相较于"素面南官帽椅"，**此椅有一对线条独特的扶手。扶手的起点很高，与后腿相连的位置几乎快到了搭脑的高度了，然后顺势而下，形成一条颇具韵律感的S形曲线向前伸出，向下与一对风格一致、曲线婀娜的鹅脖相连，整体上形成一种灵动巧妙、活泼有趣的造型。**同时，此张椅子省略了联帮棍的设计，这也加强了这张椅子空灵的韵味

此椅的搭脑设计也颇为讲究：除了常规南官帽搭脑在纵向上有下垂的弧度外，它在横向上还做出了较大的内凹弧度，弧度夸张的甚至接近了圈椅的椅圈。这种造法，似乎是为了迎合此张椅子上部曲线较为夸张的特点，当然如此制作，搭脑在材料选择上势必要花更大的成本和功夫。此张南官帽椅还做了一

明黄花梨高扶手南官帽椅
长56厘米，宽47.5厘米，高93.2厘米，
座高46厘米

个S形的攒框式靠背板，这块靠背板显然也颇下功夫：靠背板分三段，上段为瘿木，内镶龙纹的玉片，以强调整体的贵气；中段素面较长；下段为卷草纹的亮脚，边线的雕工十分细腻。靠背板与搭脑、扶手、鹅脖相结合，更凸显精致和灵动。

相比较上部的精巧，此椅在椅盘下方的设计就显得较为朴素，似是有意回归南官帽的平和淡雅，四腿间采用的是素直的牙条连接，管脚枨为"低高低式"赶枨，正面直枨做成脚踏形制，底部安牙条。

此椅上部灵巧，下部工整，上下结合得颇为和谐。王世襄先生形容它"工艺细腻严谨，线脚明快利落，给人留下深刻印象"。

明黄花梨高扶手南官帽椅侧面

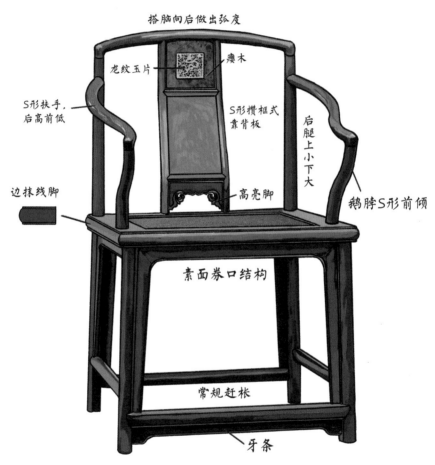

搭脑向后做出弧度

龙纹玉片

瘿木

S形扶手, 后高前低

S形攒框式 靠背板

后腿上小下大

鹅脖S形前倾

边抹线脚

高亮脚

素面券口结构

常规赶枨

牙条

明黄花梨高扶手南官帽椅结构示意图

○ 三棂矮靠背南官帽椅：融入窗棂元素，带来灵秀和文雅

　　这是一张较为独特的明式南官帽椅，名为"三棂矮靠背南官帽椅"，以黄花梨制作，软屉座面，为明代作品。此张南官帽椅是截至目前所述的所有椅子中，唯一一张去掉靠背板的制式。在原本安装靠背板的位置上，它创造性地使用了三根长圆料，以上紧下疏的放射状排列，以此取代靠背板的作用。这三根长料远看如同窗棂一般，故而称为"三棂"。

　　此椅在椅盘下方采用的是罗锅枨加矮老的经典组合，底部用步步高赶枨连接，侧面两枨下方加牙条，这些都是较为典型的明式家具制作方式。

　　"三棂"和矮后背的设计，使得此张官帽椅整体上都没有用到较宽的木料，从而在视觉上营造出一种独特的灵秀与文雅的气质。

三棂矮靠背南官帽椅
长59厘米，宽47厘米，高
82厘米，座高49厘米

○黄花梨高后背素面南官帽椅：高后背南官帽椅的典范之作

前面几张南官帽，造型上还是偏"矮壮"一些，此张椅子则完全不同，要明显的"高瘦"。此椅名为"黄花梨高后背南官帽椅"，以黄花梨制作，为明代作品。此椅与"素面南官帽椅"的结构较为相似，但造型完全不同，**可将它视为高后背型南官帽椅的典型之作。**

首先，我们来看下这张椅子搭脑的设计：顶部搭脑类似牛角而不出头，中部隆起较高，两侧顺势向下，至两端后又微微向上，再以挖烟袋锅榫连接两后腿，这种形制的搭脑在直后背交椅中出现过，也是明式南官帽常见的款式。此椅两条后腿为一木连做的整材圆料，但上下部分的线条有明显不同：上部向后做出后倒的弧度，下部则笔直。

此椅靠背板较大，为素面S形，扭曲的幅度较小。扶手与"素面南官帽椅"基本一致，鹅脖弯曲而联帮棍却选了笔直圆料，形成了有趣的对比。椅盘下方做的是壶门券口的设计，管脚枨用了传统的赶枨做法，前部做成脚踏型。

黄花梨高后背素面南官帽椅
长55.5厘米，宽46厘米，高106厘米

○ 黄花梨雕螭龙纹高靠背南官帽椅：精湛而巧妙的S形靠背板

在明式高后背南官帽椅的款式中，"黄花梨雕螭龙纹高靠背南官帽椅"属于较为经典的一款。它的搭脑也是类似牛角的设计，但中部隆起较前一张"黄花梨高后背素面南官帽椅"要窄一些，线条也更秀气。此椅的高度较高，因而靠背板较长，为S形，上部浮雕螭龙纹。后腿依然是上曲下直的设计，以连接扶手的榫眼为分界线，上部的曲线迎合了靠背板曲线的变化，形成一致的风格，下部为笔直的直料。椅盘下方安装壶门券口，牙子上雕刻了螭龙纹。管脚枨为步步高赶枨，前面和左右管脚枨下安牙条。

此椅的上部设计十分讲究，我们从侧面看，能发现此张南官帽椅的两条后腿和S形靠背板是有着精妙且一致的弯曲弧度的：它们整体呈S形，上下均较直，而中部以弧度连接。如此用料方式是颇具匠心的，虽然它大大提高工艺的难度和木材原料的消耗，但却营造出一种灵动的韵律感，并令使用者在就座时能有更加舒适的背靠体感。

黄花梨雕螭龙纹高靠背南官帽椅
长57.5厘米，宽44.2厘米，高119.5厘米，座高53厘米

直线

曲线

直线

直线外圆内方

黄花梨雕螭龙纹高靠背南官帽椅侧面

○ 黄花梨雕螭龙纹矮靠背南官帽椅：座面上方的横枨加矮老，带来精巧和别致

这也是一张雕刻了螭龙纹的南官帽椅，名为"黄花梨雕螭龙纹矮靠背南官帽椅"，以黄花梨制作，为明代作品，现藏于故宫博物院。相比于上一张南官帽椅，这张椅子要略微宽大一些，也要矮一些。搭脑为宽度均匀的圆料，横向带有一个略微相后的弧度，靠背板为弧形，上部浮雕螭龙纹，形象瘦劲而不失柔和。

这张官帽椅有一个创新的做法：它的靠背板并不直接下连到椅盘，而是连接在椅盘上方的围栏上。在此椅的椅盘上部，做了三面的围栏，采用直枨加矮老的结构，两者在椅盘上精巧而别致地切割出了数个精细的空间，与上下部的大空间对应，产生了独特的视觉美感。椅盘下方为壸门结构，牙条边线起阳线。底部为较为常见的步步高赶枨与牙条。

此椅简约而柔和，有着圆润的边角，呈现经典明式家具的典型风格。

黄花梨雕螭龙纹矮靠背南官帽椅
长60厘米，宽46厘米，高97.5厘米

○ 黄花梨凸形亮脚扶手椅：方材带来了独有的硬直和精确之美

　　此张椅子名为"黄花梨凸形亮脚扶手椅"，亦是南官帽的形制，为明代作品，现藏于故宫博物院。王世襄先生称它为"方材南官帽椅"。

　　"方"是这张官帽椅最大的特点，这张椅子全身的用料都是方料，而非常规的圆料，所以乍一眼看去，总会感觉这张官帽要比其他的更显"硬直"一些。椅子的搭脑中部高高凸起，棱角分明，其两侧下垂，并与后腿的连接处安装了角牙，这在南官帽椅中也是颇为少见的设计。靠背板为攒框式，分上下两部分，上部用料较长，下部为瘿木，做出了一个马鞍形的高亮脚，靠背板整体颇为素雅、

黄花梨凸形亮脚扶手椅
长65厘米，宽49.5厘米，高105厘米

规整。扶手、鹅脖与联帮棍均为方中带弧度的用料，扶手的前端探出较远，因此从侧面看，鹅脖的曲度较大，鹅脖与扶手的连接处，安装了风格一致的素面角牙。

高耸的搭脑，靠背板底部的高亮脚，探出的扶手，似乎形成了一种精巧的呼应，这显然是有意为之。这种细节的结合在方材带来的硬朗中增加了些许的活泼感。椅子四腿均为方腿，椅盘下方为方形的牙条，底部由步步高赶枨连接。

此椅有着十分独特的风格，整体上也保存着经典明式官帽椅的韵味，由于采用通体方料的设计，因而它的棱角十分清晰，造型也朴素、简约且有趣。

方而不楞，硬而不傻，是这张椅子的独到讲究。

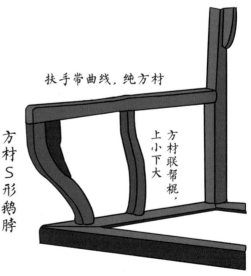

扶手带曲线，纯方材

方材S形鹅脖

方材联帮棍，上小下大

黄花梨凸形亮脚扶手椅局部细节

○ 素面方材南官帽椅：一把艾克看上的方材南官帽椅

在古斯塔夫·艾克所著《中国花梨家具图考》一书中，收录了一张纯方材用料的南官帽椅，名为"素面方材南官帽椅"。此张椅子是非常典型的素面南官帽椅制式，除了以纯方材的用料替代圆材外，此张官帽椅与上文所提到的"素面南官帽椅"的结构几乎一致，用料也相差不多。**但是仅方与圆的区别，便能造成两张椅子风格上的较大差异：圆材更具流畅性，而方材更富精巧感。**

素面方材南官帽椅
尺寸不详

○ 黄花梨雕寿字纹扶手椅：用精雕带来典雅和贵气

多数的南官帽椅是偏向于素雅的椅子，但若是在细节上做足够的文章，它也能体现出浓华和典雅的特色。这张椅子便是此种典型。

此张椅子为明代作品，收藏于故宫博物院，**它在靠背板和椅盘下方的壶门券口上都做了丰富的雕刻设计，从而将精致典雅的贵气展露无遗**。靠背板为攒框式的结构，一共分为四部分：上部为透雕的如意云头，雕工细腻；其下为占据最大面积的寿字纹，以"寿"字为变形，工艺精美绝伦；再往下做了一个镂空的金刚杵造型；底部为壶门亮脚，壶门上浮雕卷草纹，起阳线，衬托靠背板，更显精致与细腻。四部组合而成的整体极具富贵之气。在下部壶门牙条上，也做了细腻的卷草纹雕花，雕刻与边线融为一体，十分精致。

黄花梨雕寿字纹扶手椅
长60厘米，宽46厘米，高109厘米

此椅还有几个有趣的细节：搭脑采用中间平、两侧下垂的做法。但和常规搭脑有些不同，它两侧下垂部较小，看上去如同是边角的修饰一般；在扶手的空间内，也做了一个有趣的细节，在后腿与鹅脖之间放置了一根细细的横枨，下方安了两根矮老。这些小的修饰，都强化了此椅典雅的特点。

寿字纹

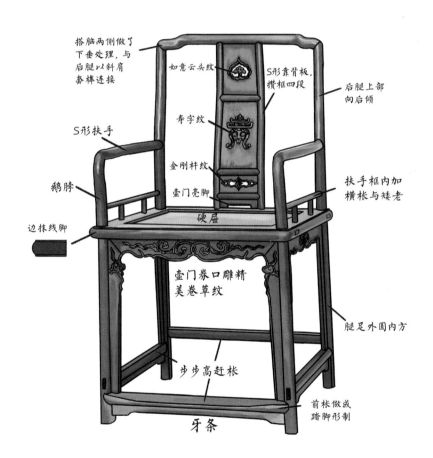

搭脑两侧做了下垂处理，与后腿以斜肩套榫连接

如意云头纹

S形靠背板，攒框四段

后腿上部向后倾

寿字纹

S形扶手

金刚杵纹

壶门亮脚

硬屉

扶手框内加横枨与矮老

鹅脖

边抹线脚

壶门券口雕精美卷草纹

腿足外圆内方

步步高赶枨

前枨做成踏脚形制

牙条

黄花梨雕寿字纹扶手椅结构示意图

○ 扇面形南官帽椅：扇形座面带来更大就座空间

明式南官帽椅常规的造型，多数是方正且规矩的，当然也不乏一些造型独特的，下面来介绍几张特别的南官帽椅。

此椅椅盘前宽后窄，前大边带有弧度，这种椅盘如扇形的南官帽椅称为"扇面形南官帽椅"，此张椅子便是其中的一例。

扇面形南官帽椅
扇形座面前宽75.8厘米，后宽61厘米，深60.5厘米，
高108.5厘米，座高51.8厘米

此椅为紫檀制，软屉，靠背板整料呈S形，上面浮雕了精致的牡丹纹，王世襄先生称其刀工与明代早期的剔红器十分的相似，故应为明代作品。这张椅子有几个细致的讲究：第一，它的搭脑弧度向后弯曲，与前大边方向相反，如此在视觉上形成呼应，更显得圆融和饱满，同时也令椅内的容坐面积更大；第二，椅盘下方牙板造型采用的是洼堂肚式的券口牙子，牙子边沿起了肥满的阳线，强调了曲线，这种充满弹性的弧线正好和大边、搭脑形成了呼应；第三，底足为步步高式赶枨，下接牙条，管脚枨的连接使用的是透榫，因此能看出椅腿侧面有明显出头痕迹，这是非常少见的设计，由于此椅选用的紫檀木色较深，所以这种出头榫不仅不显多余，反而能带来一种淳朴之感，平添韵味。

这张椅子整体造型凝练，线条饱满，简洁有趣，算得上是明式扇面形南官帽椅的经典之作。

搭脑向后幅度较大

S形扶手

前大边略有向前弧度

扇面形南官帽椅俯视图

○ 矮型南官帽椅：肩宽才是弥补腿短的秘诀

圈椅中有"矮素面圈椅"，南官帽椅中也有矮型，这张"矮型南官帽椅"便是一例。此椅并非由名贵的黄花梨或紫檀制作，而是榉木所做，因此王世襄先生推测这张椅子可能并非出自官宦贵富之家，而是寺院制作，用于打坐的椅子。此张椅子基本为南官帽通常的造型，上半部分与"高扶手南官帽椅"十分相似，下半部分则颇为简洁，只是相比常规南官帽要矮上很多。此椅靠背板为S形独板，较宽大，上面雕刻一幅大长方形的图案。南官帽椅的靠背板上常常使用圆形雕刻，像此张椅子采用方形的有些少见，这也算是此张椅子的一个特殊讲究。

此椅方正有矩，矮而不小。这主要归功于上半部分的宽大和靠背板上那个颇有雄伟气势的长方形雕花，这就好比一个矮个子男人，若是肩膀宽大、方正，在视觉上便显得高大很多。此椅在搭脑与后腿、鹅脖与扶手的几个连接处均安装了角牙，并有细腻的雕刻，这种方式也强化了它上部的气势。

矮型南官帽椅
长71厘米，宽58厘米，高77厘米，座高31.5厘米

○ 六方形南官帽椅：谁说座面一定要是四边形

最后介绍的这张南官帽椅，有一个非常独特另类的座面形制，这一形制即便放在所有明式座椅中也不常见，便是这张"六方形南官帽椅"。

大多数经典明式座椅，其椅盘基本为长方形的四边结构，**而此张官帽椅的椅盘为六边形，并且为了六边的独特形制，搭配了六足**。除了这个独特的造型外，此椅还有几个有趣的细节：它的搭脑、扶手、腿足上部、联帮棍采用的都是瓜棱式的外观样式；椅盘的六个边抹采用的是双混面压边线的制式；管脚枨用料从中部劈开形成内凹，为劈料做法。这三者的造法形成了一种统一的视觉风格，为椅子增添了妙趣。此椅的靠背板为C形攒框式，上端透雕了一个小而精致的云纹，底部做出云纹亮脚，上下呼应，雕工细微而犀利。在椅盘的下方，只有正面为直券口牙子，其余五面都是牙条，主次分明。

六方形南官帽椅
长78厘米，宽55厘米，高83厘米，
座高49厘米

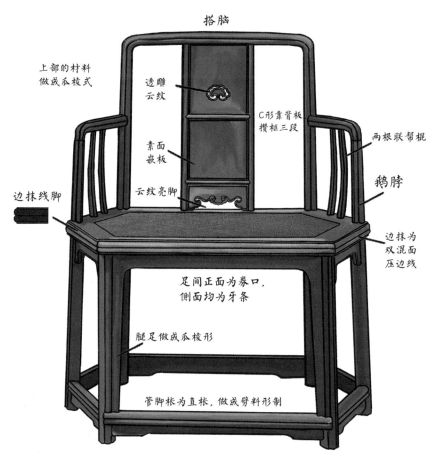

搭脑

上部的材料
做成瓜棱式

透雕
云纹

C形靠背板
攒框三段

素面
嵌板

两根联帮棍

云纹亮脚

鹅脖

边抹线脚

边抹为
双混面
压边线

足间正面为券口,
侧面均为牙条

腿足做成瓜棱形

管脚枨为直枨,做成劈料形制

六方形南官帽椅结构示意图

○ 四出头素官帽椅：标准的直材"四出头"

　　官帽椅中的南官帽椅，是因其流行于南方而得名的，因而流行于北方的官帽椅款式，自然应称为"北官帽椅"。不过北官帽椅倒是很少被如此称呼，世人都因其出头的棱角而称它们为"四出头官帽椅"。

　　此"四出头素官帽椅"以铁力木制作，明代作品，可作为四出头官帽椅形制的基本款式。此椅搭脑与椅子后腿相交后出头，扶手与椅子前腿相交后出头，由此形成四个出头。

四出头素官帽椅
长74厘米，宽60.5厘米，高116厘米，座高52.8厘米

丁字形接合
几种"出头"的榫卯连接方式

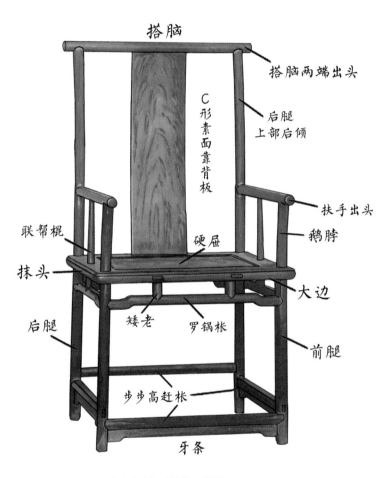

搭脑

搭脑两端出头

后腿
上部后倾

C形素面靠背板

扶手出头

鹅脖

联帮棍

硬屉

抹头

大边

后腿

矮老

罗锅枨

前腿

步步高赶枨

牙条

四出头素官帽椅结构示意图

此椅的搭脑和扶手、鹅脖均为素面圆直料，前腿和鹅脖应为一木连做。后腿的下部为直料，上部带有向后倾斜的弧度。椅子的靠背板为C形，向后鼓出，整体素面无雕刻。

此椅的联帮棍较有特点，是一种笔直的下粗上细的棍料，王世襄称这种制法为"耗子尾"造法。椅盘下方四腿间以罗锅枨和矮老结构连接，正背面有两根矮老，两侧面为一根。管脚枨为步步高赶枨，下有牙条。

"耗子尾"造法联帮棍

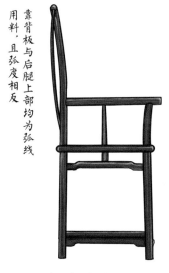

靠背板与后腿上部均为弧线用料，且弧度相反

四出头素官帽椅侧面

○ 四出头弯材官帽椅：标准的弯材"四出头"

　　以纯直材制作的四出头官帽椅风格简练，走的是隽永大气的路线。另有一种四出头官帽采用的是弯材。

　　此椅为黄花梨制作，明代作品，王世襄收藏，可作为弯材四出头官帽椅的典型之作，名为"四出头弯材官帽椅"。此椅在椅盘上部用的几乎全为弯曲的弧线，展现出一种灵动、活泼的起伏感。搭脑为官帽形制，中部高厚，两侧细而下垂，到两端则又向上起势；靠背板为独板，上

四出头弯材官帽椅
长 58.5 厘米，宽 47 厘米，
高 119.5 厘米，座高 52.5 厘米

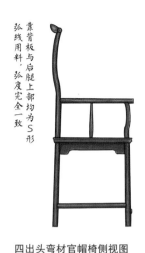

靠背板与后腿上部均为S形弧线用料，弧度完全一致

四出头弯材官帽椅侧视图

搭脑为W形曲线

扶手为3字形曲线

四出头弯材官帽椅俯视图

雕双螭纹，靠背板的上部为S形起伏，下部笔直；后腿的上部、联帮棍与鹅脖均为S形设计，扶手曲线更加丰富，如同"3"字形。这些部件在弯曲弧度上各有细微的不同，然整体风格一致，产生了一种柔婉、妍秀的视觉美感。此椅带有弯曲的部位，都是以纤细的形象呈现的，如此才能展现出曲线带来的韵律感，但在制作时，这些纤细的部件都需要选用远大于其自身厚度的原料，因而料材损耗极大，选料时也颇为讲究。从这点也能说明，**经典明式家具的用料，并非越粗厚越好，更多是追求恰当和美感。**

此椅的椅盘下部回归了常见的规整制式，正面为壶门券口结构，中间雕卷草纹，两侧为素面牙条。足底为步步高赶枨连接，前枨为脚踏形制，下方安装牙条。

此椅的美感，在于其对于弯曲曲线的诠释，如何呈现出"弯"所带来的动势和韵律，是其表现出美的关键。

第四章 扶手椅

○ 明素面黄花梨四出头椅：巧妙地融合"直"与"弯"

另有一种四出头官帽椅，其用材介于直材与弯材之间。"明素面黄花梨四出头椅"收录在古斯塔夫·艾克的《中国花梨家具图考》一书中，从造型看，它是一张介于弯材四出头官帽椅与直材四出头官帽椅之间的制式。

此椅的搭脑为官帽形，与弯材四出头官帽椅十分相似，下安素面S形的靠背板。后腿采用的是"直料四出头"的做法，只在上部做了向后仰的弧线，下部笔直。扶手为同"弯材四出头"一致的"3"字形，左右呈镜面对称。鹅脖为S形，上小下大，并做出了一种向前倾的感觉。扶手与鹅脖间有云纹角牙连接，增加了整体"弯"的元素。去掉了联帮棍。椅盘下方的正面为壶门券口结构，边缘起阳线，强调出了边缘精美的弧度，如此也在椅盘下方的"直"中点缀了"弯"的元素。

此椅的管脚枨有些特别：采用的是一般赶枨的做法，但在侧面管脚枨的上部，又增加了一条直枨，如此带来了一些小变化上的趣味性。

明素面黄花梨四出头椅
尺寸不详

○ 黄花梨罗锅枨四出头官帽椅：更大曲度的罗锅枨，更明显的
"弯"材之美

　　此张四出头官帽椅现收藏于故宫博物院中，因其独特的罗锅枨得名，名为
"黄花梨罗锅枨四出头官帽椅"，明代作品。此椅搭脑中间凸起，两端上挑，弯
曲的幅度较 "弯材四出头椅" 更大一些。此椅的靠背板为素面S形，弯曲的幅
度较小，扶手、鹅脖、联帮棍均同 "弯材四出头椅" 形式一致，扶手与鹅脖间
连接云纹角牙。**此椅的椅盘下方使用罗锅枨连接。相较一般的罗锅枨，此椅采**
用了一种拐角更大、弯曲更明显的款式，如此也迎合了搭脑和扶手的弯曲，显
得尤为别致。管脚枨为常见的步步高赶枨，带前牙条结构。

黄花梨罗锅枨四出头官帽椅
长59.5厘米，宽47.5厘米，高120厘米

○ 花梨木四出头官帽椅：平素简约的典型明式"四出头"

　　"花梨木四出头官帽椅"为清宫旧藏，亦是典型的明式风格，制式为传统四出头官帽椅的形制。椅盘上部省略了联帮棍，鹅脖前倾，弯曲幅度较大，下部采用了非常简单的牙条。管脚枨为简单的赶枨，在正面直枨下方的左右部位各安装了两块造型别致的角牙。

花梨木四出头官帽椅
长57厘米，宽43.5厘米，高107.5厘米

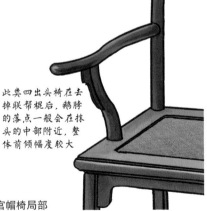

此类四出头椅在去
掉联帮棍后，鹅脖
的落点一般会在抹
头的中部附近，整
体前倾幅度较大

花梨木四出头官帽椅局部

○ 攒框式四出头官帽椅："四出头"也可以是攒框的

　　这是一张攒框式的四出头官帽椅，黄花梨制，明末作品，现藏于纽约大都会博物馆。

　　此张"攒框式四出头官帽椅"尺寸较大，它的雕饰也较前面介绍的几款四出头官帽椅要多一些，搭脑、后腿、鹅脖、扶手等几个部件相交处都有角牙装饰，这在四出头官帽椅中并不常见。扶手下安装了S形的联帮棍，鹅脖为笔直的直料。靠板采用了三段攒框式的设计，上段和中段用黄花梨独板，下端锼出云纹亮脚，增强了椅子的通透性和雕饰感。

攒框式四出头官帽椅
长66.7厘米，宽50.8厘米，高116.8厘米，座高55.2厘米

宋代《十八学士图》（局部）中的满雕四出头官帽椅，画中所绘应为唐人风采

四出头官帽椅是典型的明式座椅，它的搭脑两端出头，同明代带帽翅的官帽特别相似，因此相比南官帽，四出头官帽椅的形象要更接近官帽一些。但或许是因为其制式中的四个出头的特点太过显著，四出头官帽椅这个名称反而比"北官帽椅"这个称呼要更为流行。

关于四出头官帽椅的讲究，可从视觉上的"点、线、形"三者来体现，这也是决定这种明式座椅美感的基本内容。同时，明式四出头官帽椅也通过"点、线、形"的层层推进达成了它的独特而丰富的艺术性与文化性。

"点"是指四出头官帽椅的四个出头端点，它代表着一种生机和气韵。在中国人眼中，大多数的美都源于自然，而自然是一种无限循环并充满着勃勃生机的状态，美的事物亦是如此，它绝不会是死板的、僵硬的和受限制的，它应该是动态的、丰富的和变化的。四出头官帽椅的这四个出头，正是这种动态和变化的呈现。它们通过这种独特的造型，带来一种生动和活泼的情趣，如此，为创作者带来更多的可能，也为观赏者创造了更多的想象。

"线"是四出头官帽椅另外一个重要的讲究：四出头官帽椅巧妙地运用了直线与曲线，形成了一种不单调、不枯燥的形制。在直材四出头官帽椅中，线条以直线为主，带来的是一种平稳和宁静的感觉，但它并未完全使用直线，在椅子后腿的上部与靠背板上，它运用了曲线来平衡，以此避免了过于枯燥和僵硬。椅子的功用在于提供休憩，当人们坐在椅子上时，目的是缓解肉体上的疲惫，从而获得内心的安宁与沉静。直线为主的运用创造出平稳而简练的线条，从而呈现出庄严、厚重之感，并强调规矩所带来的力量。

弯材四出头官帽椅则是对另外一种线条的运用，它以曲线为核心，背靠板上部凹陷、下部凸起，如波浪变幻，两个扶手、鹅脖及后面联帮棍均呈流畅的"S"形曲线，曲线的组合，带来了一种动态、阴柔的独特美感。这些曲线配合而形成了一种活泼自然的造型风格，如音乐中一唱三叹之音，富有韵律之美，带有委婉生动的妙趣。然而弯材四出头官帽椅并未滥用曲线，以它中式的审美原则，自然会讲究"乐而不淫、哀而不伤"的追求，是故曲线虽然带来了生动活泼，却不能过分使用。弯材四出头官帽椅的下半部分，则基本以直线组成，风格简练而规整，用以平衡椅盘上部的曲线，且曲线的部分虽然弯曲较多，但整体的弧度却并不太大，仍不失明式家具特有的克制之感。

最后是整体的"形"。四出头官帽椅的整体形制，受明代流行文化氛围的影响，所展现的还是明代"官文化"中的儒雅气息。椅盘上方依线形围合而成，轻盈与活泼中不乏严谨、流畅；下部呈立方形而立，造型简练、规整，给人沉稳规矩之感。上下的相依相应，颇似文人闲雅风趣与稳重练达并存的状态。在后世的仿制作品中，形制上能否呈现这种状态，是其椅型能否触及明式四出头官帽椅神韵的关键。

五代高僧贯休作《十六罗汉像之宾度罗跋啰惰阇尊者唐卡》布本中的四出头椅

第二节

玫瑰椅

在扶手椅中，有一种椅子，它尺寸娇小，造型别致，深受古代大家小姐们的喜爱。据说古代家境殷实的家庭，都会为自家千金定制一把，或放置于闺房中，或陪嫁随之。这种椅子称为"小姐椅"，而更常规的叫法，称作"玫瑰椅"。

玫瑰椅在南方也称为"文椅"，它是一种造型典雅并带有独特内涵的椅子式样：相比其他的明式座椅，玫瑰椅的外形纤细秀美，造型小巧玲珑，装饰精致典雅，给人一种轻便灵巧的感觉，并由此体现出了女性柔美、精致的特点。同时，玫瑰椅式样考究，制作精工，其造型中自带一种"书卷之气"，因此颇受宋、明时期文人雅士的青睐。所以，如果说玫瑰椅是属于古典女性的座椅，那它代表的绝对不是"无才便是德"的小女人，而是才情和品格兼备的妙女子。

玫瑰椅作为古代小姐闺房的常用坐具，它的大小比普通椅子要小一些，个子也更矮一些。**在古时，玫瑰椅的陈设也是有讲究的：玫瑰椅如靠窗台陈设时，其背不能超过窗台；如配合桌案陈设时，其背不能高出桌沿。**

玫瑰椅的整体特点和南官帽椅有些类似，搭脑、扶手、靠背上端均不出头，靠背与扶手的高度相差无几，整体便显得小巧美观。

玫瑰椅的椅背和扶手一般均采用直料制作，这点不同于圈椅和官帽椅有弧形的靠背板和搭脑，因此在就座时，坐者必须挺直腰背，不能倚靠，屁股最好坐在座面前三分之一处。这个坐姿很好地体现出了大家闺秀仪态端庄、敛神静气的优雅举止和良好教养。

玫瑰椅在明清的文人画中时常出现，备受文人雅士们的喜爱。在明代仇英的《竹院品古》便出现过类似的款式，《烛下缝衣》中闺中女子所坐也是玫瑰椅。因此，玫瑰椅这种可以走进闺房的椅子在古典座椅中属于知性文雅的代表。玫瑰椅雅致灵秀的气质、精致端庄的外形，让其走出闺房，在文人的画轩、书房、小馆内陈设也别有一番韵味。

清画《十二美人图》之《烛下缝衣》中的玫瑰椅

明画《竹院品古》（局部）中的玫瑰椅

○ 黄花梨雕回字纹玫瑰椅：陈梦家夫人旧藏

　　此张玫瑰椅为黄花梨制作，软屉，明代作品，曾被著名古董收藏家陈梦家的夫人收藏，后捐赠给了上海博物馆，并保存至今，名为"黄花梨雕回字纹玫瑰椅"。和大多数玫瑰椅一样，此椅去掉了明式座椅常用的靠背板，在搭脑和后腿所组成的方形空间中，安装了券口，并在牙子上雕刻了精美的回字纹和卷草纹，雕工细致，简约而灵动。此椅在座面的上方三侧安装了直枨和矮老，这是传统明式玫瑰椅中常用的制法。

　　玫瑰椅的四腿并非垂直下落于地面，而是带有一点向外倾斜的角度，这便让玫瑰椅在视觉上产生了一种上小下大的效果，更突显了精巧的特点。此椅下部为券口结构，勾勒出带有弹性的空间，牙条素面起阳线，底部以步步高赶枨连接，枨下带牙条。

黄花梨雕回字纹玫瑰椅
长 57.5 厘米，宽 43.5 厘米，高
84.5 厘米，座高 50.2 厘米

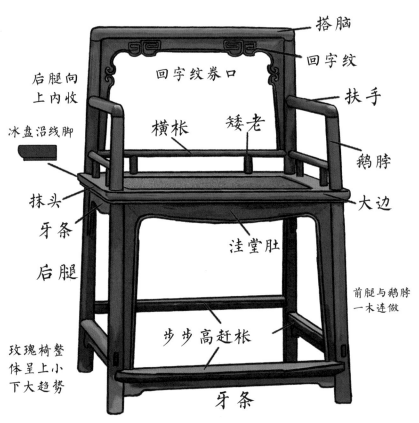

搭脑

回字纹

扶手

鹅脖

大边

回字纹券口

后腿向
上内收

冰盘沿线脚

横枨

矮老

前腿与鹅脖
一木连做

洼堂肚

抹头

牙条

后腿

步步高赶枨

玫瑰椅整
体呈上小
下大趋势

牙条

黄花梨雕回字纹玫瑰椅结构示意图

○ 卷草纹券口靠背玫瑰椅：精致的卷草雕花，
异形的矮老

　　此椅名为"卷草纹券口靠背玫瑰椅"，现藏于清华大学美术学院，从尺寸上看，属于较为小巧的一张椅子。虽同属券口靠背玫瑰椅的典型制式，但与上一张椅相比，它的雕花与制作要更显精细一些。搭脑做成类似南官帽椅的两端下垂款式，靠背的券口牙子上雕刻了细致丰富的卷草纹，在扶手的内空间中也做了壶门结构。为配合搭脑的制式，此椅座面上方的直枨改为了罗锅枨，并采用异形的矮老。下部的券口牙子上也做了更加细致的卷草纹雕刻。

卷草纹券口靠背玫瑰椅
长58厘米，宽45厘米，高69厘米

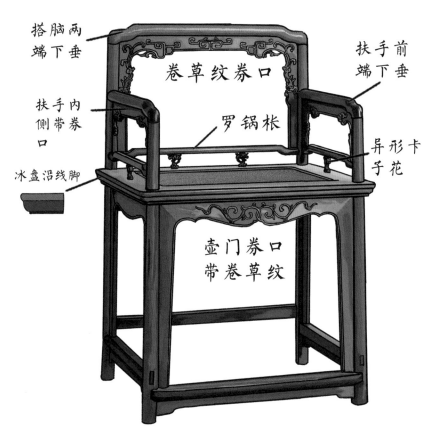

搭脑两端下垂

卷草纹券口

扶手前端下垂

扶手内侧带券口

罗锅枨

异形卡子花

冰盘沿线脚

壶门券口带卷草纹

卷草纹券口靠背玫瑰椅结构示意图

○ 黄花梨雕卷草纹玫瑰椅：罗锅枨巧妙融入

此张"黄花梨雕卷草纹玫瑰椅"藏于故宫博物院中，明代作品，硬屉椅盘。这张椅子的上部结构与"卷草纹券口靠背玫瑰椅"基本一致，下部做了一些有趣的设计：四足间虽采用了罗锅枨连接，但没有加上矮老，罗锅枨的上部直接连接在椅盘的边抹下，左右形成了两个小巧的空间；管脚枨的下方也做了一样的设计，上下呼应，妙趣横生。

黄花梨雕卷草纹玫瑰椅
长58厘米，宽46厘米，高83.5厘米

○ 黄花梨透雕六螭捧寿纹玫瑰椅：极度奢华！顶级满雕寿纹靠背板

这是一张雕刻颇为精美的玫瑰椅，为明代制作，现收藏在故宫博物院中。此椅的背部有一整块的靠背板，雕花极为精美，可谓巧夺天工，并以此命名，名为"黄花梨透雕六螭捧寿纹玫瑰椅"。

此椅是通体透雕靠背玫瑰椅的典型之作。不同于券口靠背玫瑰椅，此椅的靠背板几乎填满了整个后部空间，这块靠背板安装在了搭脑、后腿与椅盘上方直枨攒成的框内，上面雕刻六只螭龙，螭龙与云纹融合，捧出了中部一个大大的"寿"字。巧妙的是，"寿"字的笔画也是由云纹组合而成的，寿、螭龙、云，三者组合，丰富细致地展现了明式家具奢华典雅的美感。在椅盘上方与直枨下部，也安装了风格一致的螭龙纹圆形卡子花，风格独特。椅盘下部采用了壶门券口制式，牙子上雕刻了细致的螭龙纹与回字纹。

以此椅为代表的这类玫瑰椅，不同于券口靠背玫瑰椅的清雅，而以丰富的雕花和细节凸显了玫瑰椅的贵气。

黄花梨透雕六螭捧寿纹玫瑰椅
长61厘米，宽46厘米，高88厘米

○ 紫檀雕夔龙纹玫瑰椅：独特的回字纹靠背

同"黄花梨透雕六螭捧寿纹玫瑰椅"风格接近的，还有这张"紫檀雕夔龙纹玫瑰椅"。此椅为紫檀制，收藏于故宫博物院中，据登记档案的记载，此椅位于紫荆城西六宫翊坤宫的西配殿中，为清代嫔妃所用。

此椅采用了夔龙纹与回字纹的雕刻，带有更浓重的仿古风格。此张椅子的靠背和扶手少有地采用包围式的四面圈口牙子结构，形成了外实而中空的独特造型。

紫檀雕夔龙纹玫瑰椅
长59.5厘米，宽45.4厘米，高93厘米

○ 冰绽纹围子玫瑰椅：来自瓷器的创意，冰绽纹靠背

　　王世襄先生在《明式家具研究》中记载了这样一张玫瑰椅，此椅未有实物收录，而由王先生的太太袁荃猷手绘草图，因其独特"冰绽纹"造型而得名"冰绽纹围子玫瑰椅"。在明式家具中，采用这种短直料交错搭建的结构，称为"冰绽纹"，通常出现在柜子门、隔窗上。"冰绽纹"模仿了青瓷器表面在开片后产生的效果，如同冰面裂开的感觉，因而也称为"冰裂纹"。<u>"冰绽纹"表现的是明式家具中一种有趣的审美情趣</u>，将它运用在柜门或隔窗上，实际上并起不到视觉阻挡的作用，但透过它，我们可以隐约看见柜中之物，<u>产生一种影影绰绰的视觉效果，而由此带来的，便是一种若即若离、若隐若现的感觉。</u>

冰绽纹围子玫瑰椅
尺寸不详

瓷器上的冰绽纹

○ 直棖靠背玫瑰椅：直棖带来独有的影绰之美

玫瑰椅中采用这种结构营造出似遮而不遮效果的，还有直棖靠背玫瑰椅。

在古斯塔夫·艾克的《中国花梨家具图考》中，便收录了这样一张椅子，名为"直棖靠背玫瑰椅"。此椅同官帽椅中的"三棖矮靠背南官帽椅"一样，采用窗棖的结构来充当靠背板，不同的是，**此椅用直棖将靠背和侧面扶手的空间几乎填满**。为使视觉上不至于过于单调，此椅在直棖的上部加了长桄，并连接了圆形的卡子花。

此椅在椅子本身的基础框架内，又用圆长料做出了内框，如此令椅子整体显得更加密实。**在椅盘下方有两条横向的直桄，之间连接了与上部一致的圆形卡子花，整张椅子由此形成了密直线与小圆形结合的有趣风格。**

直棖靠背玫瑰椅
尺寸不详

○ 黄花梨雕双螭纹玫瑰椅：一把攒框式靠背玫瑰椅

玫瑰椅中也有加了攒框式靠背板结构的，"黄花梨雕双螭纹玫瑰椅"便是其中一件较为经典的款式。此椅为清宫旧藏，它的攒框式靠背板分为三个部分，各做了镂空处理：上部为规整的圆角长方形开光；中部浮雕了双螭龙纹，尾巴连接成了云纹的造型；底部为云纹亮脚。两侧的扶手空间内做了横枨与矮老，椅盘下部为简单的牙条连接，管脚枨为步步高赶枨。

玫瑰椅是一种有趣的椅子：它的靠背似乎并不是用来依靠的。通常，玫瑰椅的靠背高度很低，一般只比腰部高少许，加上靠背常用直料，不同于圈椅、官帽椅那般带有弧度的支撑，所以坐者靠在上面会感觉搭脑直愣愣地抵在背部，舒适度较低。<u>这种舒适感不强的特点恰是玫瑰椅的讲究之处，玫瑰椅的靠背并不负责承担后背的倚靠，它更像是一种用于丈量坐相的坐具：当人坐在玫瑰椅中，应是挺直后背，以俊雅挺拔的姿势示人，如此背部自然不会贴在搭脑上，也无须依靠了。</u>

黄花梨雕双螭纹玫瑰椅
长58厘米，宽46厘米，高80.5厘米

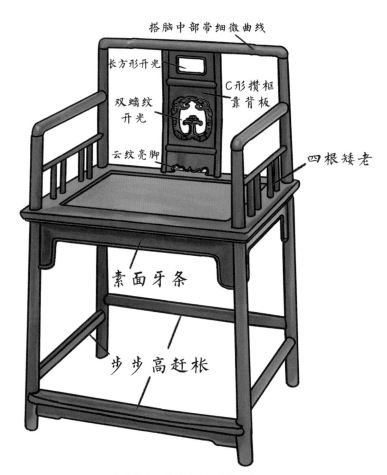

搭脑中部带细微曲线

长方形开光

双螭纹
开光

C形攒框
靠背板

云纹亮脚

四根矮老

素面牙条

步步高赶枨

黄花梨雕双螭纹玫瑰椅结构示意图

宋画《商山四皓会昌九老图》（局部）中的扶手椅，造型近似玫瑰椅

　　关于玫瑰椅的另一个疑问在于名字中的"玫瑰"二字
从何而来。玫瑰椅中并未有玫瑰形制的内容，为何称它为
"玫瑰椅"？

　　在中国古时，玫瑰二字指的并不是现在说的玫瑰花，
古人对玫瑰花的称呼是蔷薇，而玫瑰实则指的是"美玉"。
司马相如《子虚赋》云："其石则赤玉玫瑰。"《说文》也
记载："玫，石之美者，瑰，珠圆好者。"所以玫瑰椅中的
玫瑰，并非花朵，而是此椅所表现出来的一种风格：如同
美玉一般的精致美好，体小而高贵。同时，古人对君子的
品格有"温润如玉"的评价，这自然也是玫瑰椅所映射的
人的精神内涵，是它内在文化上的讲究。

第三节

禅椅

明式扶手椅除了官帽椅和玫瑰椅外，还有一些特殊的形制。

在明式的扶手椅中，有一种单独的存在，它是一张可以让人静坐参禅、修身养性的椅子，座面宽大可盘腿而坐入其中，用料简约而灵动，采用极简而舒朗的线条，勾勒出一种空灵、禅意的留白。苏轼《送参寥师》中所言："静故了群动，空故纳万境。"这一句是对这张椅子的恰当备注——它叫"禅椅"。

○ 禅椅：一把能打坐的椅子

禅椅
长75厘米，宽75厘米，高85厘米

此张禅椅可作为明式禅椅的代表款式，明代作品，黄花梨制作，曾收藏于原美国加州博物馆，它的用料非常简单，除了椅盘下方的罗锅枨带些曲折，其他的材料使用的均是直料，且都较为纤细。若把禅椅缩小，它和去掉券口牙子的玫瑰椅非常相似，后腿直连搭脑，鹅脖与前腿一木连做。

宽大的尺寸，简洁而纤细的用料，使得禅椅在视觉上给人留出了大片的空白，颇具禅意，与它的名字相得益彰。

宋画《罗汉图》中的禅椅

第四节

其他扶手椅

○ 紫檀梳背扶手椅：一把充满流动美感的扶手椅

　　此张椅子名为"紫檀梳背扶手椅"，除椅盘外，其余为紫檀制作，清早期作品，现藏于故宫博物院中。梳背椅是明式扶手椅中常见的类型，后背采用类似于直棂靠背的做法。

　　此椅通体使用方材制作，它的搭脑、扶手、鹅脖都是带有弧形的曲线，靠背和扶手处的竖棂也都是S形的曲线，这些曲线不仅有助于就座的舒适度，也令椅子的上部产生了一种流动性的动态美感。椅子的下半部分采用罗锅枨加矮老的结构连接四腿，管脚枨也做成了罗锅枨的样式，呼应了"梳背"的风格。

紫檀梳背扶手椅
长56厘米，宽45.5厘米，高89厘米

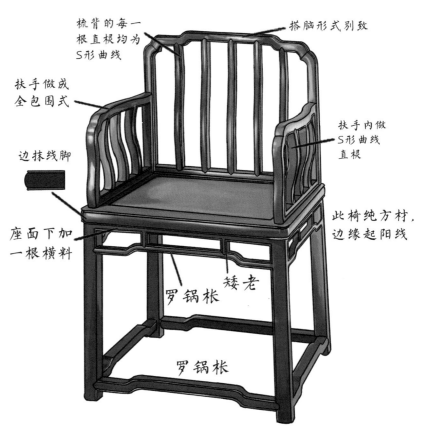

梳背的每一
根直根均为
S形曲线

搭脑形式别致

扶手做成
全包围式

扶手内做
S形曲线
直根

边抹线脚

此椅纯方材,
边缘起阳线

座面下加
一根横料

罗锅枨

矮老

罗锅枨

紫檀梳背扶手椅结构示意图

○ 六角梳背椅：六方形座面的有趣扶手椅

此椅收录于《中国花梨家具图考》一书中，是"六角梳背椅"的一种。同"六方形南官帽椅"一样，这也是一张六方形座面的椅子。此张"六角梳背椅"的靠背和扶手内采用的是直棂式的直圆料，而非"紫檀梳背扶手椅"式带弧线的用料。传统的梳背椅的靠背与扶手嵌入的都是圆材直棂，后来才逐渐演变成有弧度的圆材。椅盘底下为六足，六足间以直圆材做框架，并在框架上部两角做了有趣的收角造型。

六角梳背椅
尺寸不详

明画《人物草虫图》（局部）中的扶手椅

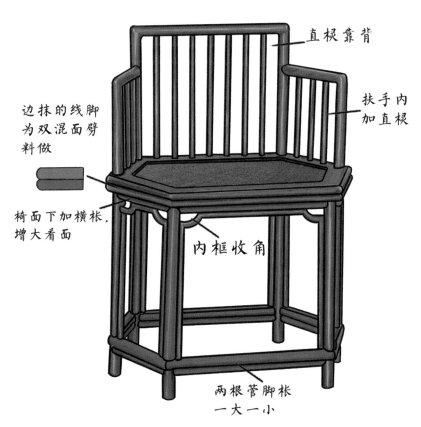

直棂靠背

扶手内
加直棂

边抹的线脚
为双混面劈
料做

椅面下加横枨,
增大看面

内框收角

两根管脚枨
一大一小

六角梳背椅结构示意图

靠背椅就是这
样简单、经典
且讲究的椅子。

靠背椅 ㈤

講究 JIANG-JIU BA

靠背椅是明式椅子中最简单的款式，但它的讲究却一点都不少。

靠背椅的名字起得很奇怪，既然是椅子，就一定带有靠背，若是没有靠背，那岂不就是凳子。如此说来，"靠背"这两个字就显得有些多余，把椅子叫作"靠背椅"，就好像我们管火叫"热火"，管冰叫作"冷冰"，显得累赘且毫无意义。可是靠背椅这个名字就是这样叫的，且一直流传了下来。

但当你看到了靠背椅的时候，一切就清晰了：因为这个椅子真是简单到只有一个靠背而已。如果你不叫它"靠背椅"的话，那就真的只能就称呼它为"椅"了。但椅的范围那么广，种类那么多，单是一个"椅"字，根本界定不出对象来，所以，靠背椅就叫"靠背椅"吧，这样也能与扶手椅区分开。

靠背椅算是明式椅子中最简单的款式了，但它的讲究却一点都不少。了解明式家具的人都知道，越是简单的，就越是经典，而越是经典的，就越讲究。靠背椅就是这样简单、经典且讲究的椅子。

第一节

灯挂椅

如今，古典家具界统常将明式靠背椅分为两种：灯挂椅与一统碑椅。光看这两个名字，似乎很难想象出椅子的形象。

对灯挂椅和一统碑椅的分类方法，可以参考官帽椅中对南官帽椅和北官帽椅的分类方式：**搭脑两侧出头的称为"灯挂椅"，而两侧不出头的称为"一统碑椅"**。这两者的命名原则，皆与它们的造型有关。据王世襄先生的考证，在南方地区，有着一种常用于悬挂灯盏的竹制座托，此物被称为"灯挂"，"灯挂"需要悬挂东西，端头必然凸出，这就和灯挂椅搭脑出头相似，也成了灯挂椅名称的由来。

靠背椅搭脑两侧不出头的，通常会以直角收口，便是一统碑椅。一统碑椅的造型简单、搭脑方正，椅子远看上去就像是一块矗立的石碑，故而称为"一统碑椅"。

灯挂椅搭脑两侧出头

一统碑椅搭脑不出头

○ 黄花梨罗锅枨加矮老灯挂椅：几乎是"弯材四出头"去掉扶手的样子

这便是一张典型的明式灯挂椅，名为"黄花梨罗锅枨加矮老灯挂椅"。此椅的造型与去掉了扶手，搭脑为牛角式，中部较厚，两端翘起，搭脑下安装了一块弧度较小的素面S形靠背板。从形制上看，此椅的靠背立柱与后腿应该不是一木连做的，在椅盘上方部分的为直圆料，和靠背板做成一致的弧度变化，处于椅盘下方的四腿均为方料。座面下，除背面以牙条连接外，其余三面都是罗锅枨加矮老的结构。管脚枨为步步高赶枨，前枨做成了脚踏的样式，正、侧面的管脚枨下方均安了牙条。

此椅是一张典型的明式灯挂椅，它深得明式家具简练、清新的精髓，款式大方、优雅，每个部件虽然都设计得干净利落，毫无累赘，却不给人单调无趣的感觉，反而有一种隽永和孤傲的气质。

黄花梨罗锅枨加矮老灯挂椅
长49厘米，宽42厘米，高114厘米

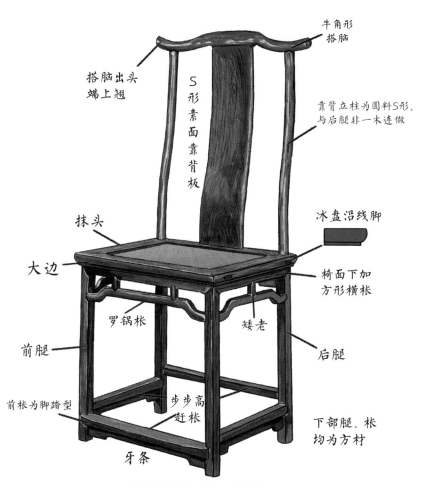

牛角形
搭脑

搭脑出头
端上翘

S形素面靠背板

靠背立柱为圆料S形,
与后腿非一木连做

抹头

大边

冰盘沿线脚

椅面下加
方形横枨

罗锅枨

矮老

后腿

前腿

前枨为脚踏型

步步高
赶枨

下部腿、枨
均为方材

牙条

黄花梨罗锅枨加矮老灯挂椅结构示意图

○ 素面券口牙子灯挂椅：搭脑上有着独特的小心思

此椅与"黄花梨罗锅枨加矮老灯挂椅"属一种类型，只在细节上有所改变，名为"素面券口牙子灯挂椅"。

"素面券口牙子灯挂椅"的搭脑为直线形，虽为一木制成，却雕刻成如三段相连之状，这是一种"藏巧于拙"的做法。不同于前一张椅子靠背板与靠背立柱的弧线一致，此椅的靠背为S形，后腿则为下直上仰的弧线，两种组合，各有各的味道。椅盘下方基本为方料，前两腿间采用素面的券口牙子，线条直硬，干脆利落。

前一张椅子和此椅可以算作最常规的灯挂椅制式。

素面券口牙子灯挂椅
尺寸不详

○ 大灯挂椅：简洁明了，方正宽大

这是一张座面较宽的灯挂椅，称为"大灯挂椅"，造型延续了明式灯挂椅的简洁明了。此椅的上部依然是常规的结构，在它椅盘下方的四腿之间采用了微有洼堂肚形的素面券口牙子连接，牙条边缘起阳线。管脚枨为步步高赶枨。

大灯挂椅
长57.5厘米，宽41.5厘米，高117厘米

明式灯挂椅中常见的是尺寸较为矮小的款式，例如以下两例：

○ 小灯挂椅：适合孩子的迷你灯挂椅

这是一张榉木制的灯挂椅，名为"小灯挂椅"。它的尺寸矮小，用料比起前两张要粗一些，所以看上去要矮胖很多。王世襄先生说此张椅子座高仅为37厘米，很适合在家中卧室使用，造型有趣、可爱。椅盘正面下方牙条的下轮廓，做了一个少见的造型——**对称的波浪形曲线，这也是它比较童趣的一处细节。**

小灯挂椅
长43厘米，宽37厘米，高83.5厘米

○ 小靠背椅：方正，硬朗，小巧，简约

"小靠背椅"也是小型灯挂椅，收录在《明式家具研究》一书中，王世襄先生称其虽为清中期作品，但造型特点依然保留了浓重的明式风格。此椅的搭脑由中部至两侧向后弯转，这一形态称为"牛头式"。此椅的用料为方料，因而整体比"小灯挂椅"更显方正，线条更加硬朗，椅盘下部是拐角较小的罗锅枨加矮老的结构。

小靠背椅
长48厘米，宽44厘米，高85厘米

○ 靠背板开透光靠背椅：背板开光是点睛之笔

　　常规的明式灯挂椅属于较为简约的椅子，因而采用素面的靠背板较多，但也有一些明式灯挂椅会在靠背板上做些文章，创造一些与众不同的细节。

　　这张椅子因其靠背板开透光的特点，称为"靠背板开透光靠背椅"。此椅靠背板为素面，上部有一个向后的倾倒幅度，靠背板上做了一个圆形的透空，形成了透光，并在圆形的边缘上起阳线，加强了它的视觉效果。此椅椅盘下方的用料十分清爽，用木条做成了一种纤细波浪形角牙，连接在椅盘边抹和腿足上。多变的角牙线条和纤细的腿足用料，令整张椅子看起来非常的灵动、活泼。

靠背板开透光靠背椅
尺寸不详

○ 背脊椅：一块背板，融合了"方圆"与"虚实"的讲究

此椅收录在《中国花梨家具图考》一书中，古斯塔夫·艾克称其为"背脊椅"。背脊椅与靠背椅应该属于一个意思。这张椅子与"靠背板开透光靠背椅"的风格近似，只是靠背板的设计更加复杂、精细了一点：除了上部的圆透光，靠背板的中部增加了一块瘿木，凸显天然木制纹理；底部则开了一个长方收角造型的透光，叫作"鱼门洞开光"。三种造型颇有讲究地融为一体，上部圆而空，中部方而实，下部方圆结合，如此也强调了中式坐具的美感和韵味，突出了椅子的文化性。

背脊椅
长51厘米，宽44厘米，高95厘米

五代画作《韩熙载夜宴图》（局部）中的灯挂椅

　　明式灯挂椅有高耸的椅背，所以常常会配上椅披，如此可以衬托出椅披上华丽的锦绣。当然，即便没有华丽的椅披搭配，这样的椅背也是非常实用的：挂挂衣服、围巾或者其他东西，都无不可。显然，灯挂椅是一种"雅俗共用"的存在。

　　灯挂椅的制作用料节约，造型也很美观，不仅在古代使用广泛，在现代的中国，也是非常流行的，我们在生活中随处可以看到与灯挂椅相似的椅子。但须知，若是作为经典明式座椅的一类，就不能只按照它的部件和使用价值来判断灯挂椅了，文化性、艺术性、工艺性、材料品质等内容，才是经典的明式灯挂椅需要着重讲究的地方。

第二节

一统碑椅

相比于灯挂椅的普及，一统碑椅显然存世量要少一些。这里举两张经典的明式一统碑式椅。

○ 一统碑椅：传统的标准型一统碑椅

此椅属于典型的明式一统碑椅，造型简单、朴素。其搭脑平直，两侧下垂，与后腿以挖烟袋锅榫连接，靠背板为素面独板。椅盘下部三面用笔直的券口牙子连接，底部为步步高赶枨。

一统碑椅
尺寸不详

第五章　靠背椅

159

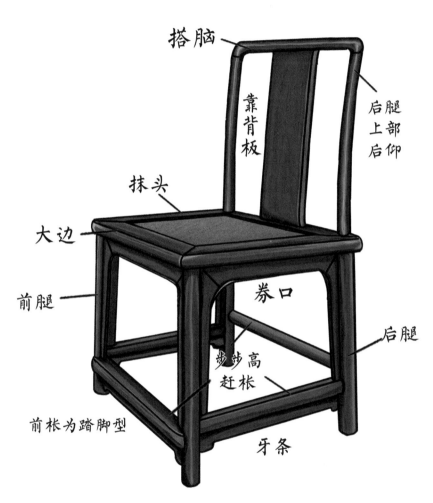

搭脑

靠背板

后腿上部后仰

抹头

大边

前腿

券口

后腿

步步高赶枨

前枨为踏脚型

牙条

一统碑椅结构示意图

明画《人物草虫图》（局部）
中的攒框式靠背一统碑椅

○ 一统碑木梳背椅：融入直棖靠背风格

　　在一统碑椅中，去掉靠背板，采用如"直棖靠背玫瑰椅"这般以数根直棖并排来做靠背的制式，称为"一统碑木梳背椅"。此款椅子的直棖和后腿的上部带有轻微的后仰角度，椅盘下方为罗锅枨加矮老的结构，底部用赶枨。

一统碑木梳背椅
尺寸不详

靠背椅是一种没有扶手的椅子，没有扶手的好处在于：第一，省掉了一部分的工艺和耗材，使得其在制作成本上能够下降一些；第二，在就座时，身姿会更加的随意和放松，坐姿在方向上也不会有所限定。靠背椅的这两个特点，就让其显得更加人性化和生活化。换言之，**靠背椅是一种相比于圈椅、扶手椅等椅子更加简单、更具生活气息的椅子。**

五代画作《十六罗汉像之宾度罗跋啰惰阇尊者唐卡》（局部）唐卡布本中的扶手椅

凳墩（六）

在经典的明式坐具中，有靠背的称为「椅」，无靠背的便是「凳」与「墩」。

講究 JIANGJIUBA

凳墩的结构更少，故而精巧；体积小、重量轻，故而方便挪用；耗材小、耗工少，故而实惠。

在经典的明式坐具中，有靠背的称为"椅"，无靠背的便是"凳"与"墩"。凳也称为"杌"，其实"杌"字倒是更加符合我们口中"凳"的形象。"杌"字本意为不带枝丫的树，《玉篇》说"杌"为"树无枝也。"没有带枝丫的树，那就是天然的坐具，和凳或墩的形象自然就特别贴合。

在古时，"凳"字也不专指坐具，还表示用作攀登的"蹬具"，汉代的刘熙在《释名·释床帐》中记载："踏凳施于大床之前，小榻之上，所以登床也。"大约是古代床太高，为了上床，还得垫上一个凳子爬上去。那么这个"凳"字，其实也包含了用于垫脚或向上爬（如上马）的脚凳，而这种凳子是专门搭配大床、高椅、宝座等来用的，并不是坐具。如此，我们将明式的凳子称作"杌凳"，似乎要更加讲究一些。

在中国古典家具界，有一种约定俗成的说法：**但凡做成正方形或者长方形结构的家具，不管其外表如何千变万化，都可以根据其造型是否有束腰的特点，分为"无束腰"和"有束腰"两类**。因此，明式的杌凳也可分为"无束腰杌凳"与"束腰杌凳"两种。

○ 无束腰直足直枨长方凳（1）：王世襄口中形如乐曲的凳子

在众多无束腰方凳中，"无束腰直足直枨长方凳"一款算明式经典的明式方凳造型，而其中最具代表性的，便是由王世襄先生本人收藏的这款。"无束腰直足直枨长方凳"是王先生在20世纪50年代于北京通州的一户人家家中购得的，一式两件，故称为一对，以黄花梨作，软屉结构。

王先生在书中用几句话记述了收购这对凳子的有趣经历："所幸为落入家具商之手，否则将踩深边口，换掉弯带，改为木板席面硬屉，致令古器面目全非……"看来家具商们的审美是真难入得了王先生的眼。**王世襄先生看着这对凳子，仿如吕不韦看着《吕氏春秋》一般：千金一字不易。**

王先生形容此凳的造型如乐曲，凳子的基本结构为淳朴古韵的曲风，细节的变化是巧妙的修饰音。

此凳的四腿稳固有力，采用的是外圆内方的造型，相互之间由牙条连接，腿间连接直枨，正面一根，侧面为两根。在细节上，边抹为素混面压边线，牙条起边线，牙头处有小委角，腿足加边起线。这些细节对此凳整体做了很好的修饰，使其古朴造型和考究细节巧妙地结合于一体。

无束腰直足直枨长方凳（1）
长51.5厘米，宽41厘米，高51厘米

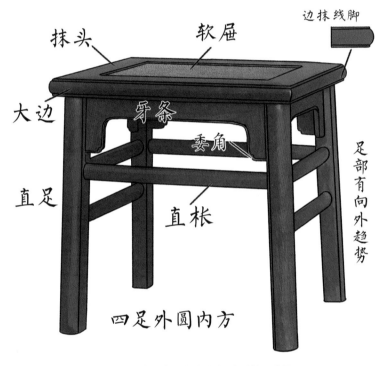

抹头　软屉　边抹线脚

大边

牙条

直足

委角

直枨

足部有向外趋势

四足外圆内方

无束腰直足直枨长方凳（1）结构示意图

○ 无束腰直足直枨长方凳（2）：朴素、简练的基础型明式小方凳

若是去掉这些作为修饰音的装饰，便会得到下面这张"无束腰直足直枨长方凳"，虽然同样走的是朴素、简练的路线，但是显然此款相比上一款要单调且逊色不少。

此凳还有一个细致的讲究，横枨的截面并不是圆形的，而是如图所示的形状，上圆而下方，上端略大，这种做法的好处是可以加大看面，令枨与用材粗壮的边抹和腿更加协调。同样的大小，如果过用圆枨，那么过于粗重，视觉上显得笨拙，若用细料，又会导致视觉上的失衡。

横枨截面

无束腰直足直枨长方凳（2）
尺寸不详

○ 无束腰直足罗锅枨方凳：无裹腿更简练

明式方凳除了采用直枨的造型设计外，通常还有使用罗锅枨做法的。例如这张椅子，每面加了两个矮老，边抹也稍做修改，采用了冰盘沿的造法。

○ 无束腰直足裹腿罗锅枨方凳：裹腿做法更添圆润感

采用罗锅枨连接的明式方凳中有一种经典的形制，罗锅枨采用了裹腿做的造法：罗锅枨相交的部位高出腿足，就好像是裹住了腿一般。此张"无束腰直足裹腿罗锅枨方凳"便是典型的采用这种做法的方凳，一般采用这种裹腿做法的凳子，通常会在边抹的下方加上一根木条，如此既加厚了边抹的厚度，又在视觉上与裹腿罗锅枨形成了呼应，这根木条称为"垛边"。**垛边与劈料是有所不同的，劈料是指将一块木料从中间做出一条或两条内收的"缝"，使得木料看上去是用两根料拼凑而成的，垛边则是完全采用了一根或两根新料垛在原先的木料下面。**

裹腿造法

垛边

这种混面，被称为"指甲圆"。垛边结构能给明式家具淳朴、厚重的风格中带来了一丝竹藤家具的清丽感

无束腰直足罗锅枨方凳
尺寸不详

无束腰直足裹腿罗锅枨方凳
长52.5厘米，宽52.5厘米，高51厘米

○ 无束腰直足双罗锅枨劈料方凳：将劈料风格进行到底

这张"无束腰直足双罗锅枨劈料方凳"的边抹便为劈料造法，腿足之间共八根罗锅枨，都采用了劈料做法。而且这张凳子似乎有着将劈料风格进行到底的势头，腿足的用料采用四面劈开的方式，令腿足的横截面变成了一个可爱亮丽的花朵形状。

无束腰直足双罗锅枨劈料方凳
长70厘米，宽70厘米，高51厘米

○ 无束腰直足罗锅枨云纹牙头方凳：将罗锅枨玩出新花样

这张明式方凳又将罗锅枨玩出了新花样，此凳名为"无束腰直足罗锅枨云纹牙头方凳"，如其名所示，云纹成为这张凳子的创新和主题。此凳的牙条和罗锅枨都使用了云纹元素，牙条起边线，牙头做成云纹状。罗锅枨更是别致，两端雕刻卷云，中部微凹，做成有如洼堂肚的弹性感，弧线流畅，别具一格。

王世襄认为，类似此款式的方凳在清宫及颐和园中保留了不少，此凳应该是清代康熙至雍正年间的作品。

以上的几款方凳都是没有管脚枨的，再来看几款带有管脚枨的作品。

无束腰直足罗锅枨云纹牙头方凳
长63厘米，宽63厘米，高51厘米

○ 紫檀镶楠木面长方杌：清宫旧藏紫檀长方凳

　　此凳收藏于故宫博物院中，长宽相差较多，故为长方凳。此凳名为"紫檀镶楠木面长方杌"，是清宫旧藏，凳身用小叶紫檀制作，凳面为硬屉，采用了楠木镶嵌制作。凳面下方为罗锅枨连接，正面安了四根矮老，侧面则为一根。管脚枨为直枨，增强了整体的稳定性。

紫檀镶楠木面长方杌
长53厘米，宽31.5厘米，高41.5厘米

○ 无束腰直枨加矮老带券口管脚枨方凳：名字长，所以特点也多

此张凳子名为"无束腰直枨加矮老带券口管脚枨方凳"，<u>光名字便有十六个字，似乎是要把方凳的各种特征全都放到一张凳子上。</u>

凳子的腿足较粗，采用劈料方法制作，凳面下方为直枨加矮老的结构。直枨下方，用圆材造成了风格独特的券口，直枨和券口虽然用的不是劈料，但是两者连在一起，反倒给人一种劈料的感觉。管脚枨也为劈料，并在下部做了罗锅枨，如此形成了一种层层叠叠的质感。

此张凳子在券口的拐角处，加了圆角，如此与直枨之间出现了一个小小的空隙，底下罗锅枨与管脚枨之间也有空隙。上下的空隙在视觉上形成了呼应，增加了一种灵动的美感。

无束腰直枨加矮老带券口管脚枨方凳
尺寸不详

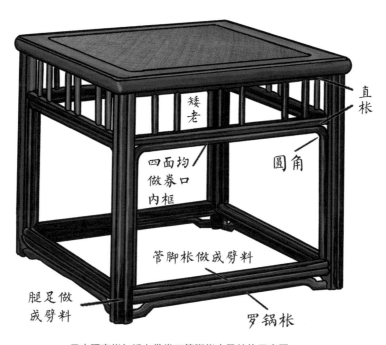

直枨

矮老

圆角

四面均做券口内框

管脚枨做成劈料

腿足做成劈料

罗锅枨

无束腰直枨加矮老带券口管脚枨方凳结构示意图

○ 无束腰带圈口管脚枨长方凳：一张长得像古典窗框的方凳

　　空隙所带来的美感在这张"无束腰带圈口管脚枨长方凳"上也得到妙用。此凳最大的特点，在于沿边抹、腿足和管脚枨之间的方形空间中，做了两层圈口，外层是严密的贴合四边的，而内层做了一个委角，于是两层之间形成四个有趣的三角形空隙。远看颇像一个古典的窗框，展现了独特的韵味和魅力。

无束腰带圈口管脚枨长方凳
长74厘米，宽63厘米，高52.5厘米

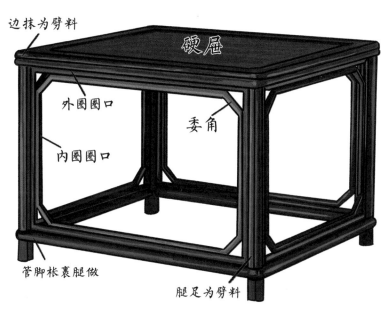

边抹为劈料

硬屉

外圈圈口

委角

内圈圈口

管脚枨裹腿做

腿足为劈料

无束腰带圈口管脚枨长方凳结构示意图

下面来说下有束腰的杌凳。**古典家具中的束腰是一个有趣的结构，它将物件拟人化后，把中部轮廓收缩的部分称为腰部，腰部收缩形成曲线，使得家具的造型更具想象空间。**不过，若是把凳子比作人，那收缩的部分与其说是腰部，倒不如说是颈部。当然，家具的结构毕竟与人的身体相差较远，**束腰这一元素，实则是一种符号象征，它代表的是一种外形婀娜、线条灵动而不单调的意趣。**

○ 有束腰马蹄足罗锅枨加矮老方凳：四足形如马蹄，束腰牙子一木连做

此凳名为"有束腰马蹄足罗锅枨加矮老方凳"，属于有束腰机凳的典型风格，其束腰的部分与下部牙子为一木连做，安装在边抹的下方。四足做成马蹄形，足端内翻，线条劲快有力，是典型的明式风格。这种马蹄足的造型，也属于有束腰机凳的标配，常与束腰连用。四足、矮老与上部牙子相交，均采用格角榫连接。

有束腰马蹄足罗锅枨加矮老方凳
尺寸不详

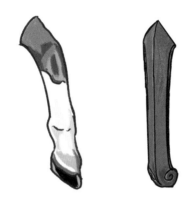

马蹄足

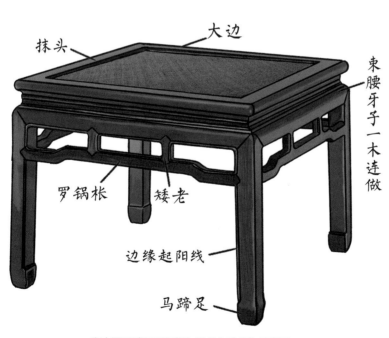

有束腰马蹄足罗锅枨加矮老方凳结构示意图

有束腰的机凳相比无束腰机凳，在外形线条上，会更加丰富一些，比如以下两张。

○ 有束腰马蹄足鼓腿彭牙大方凳：马蹄足加鼓腿带来厚实感

"有束腰马蹄足鼓腿彭牙大方凳"的腿足是向外鼓出的。腿足间做了一种雕拐子纹的镂空花牙子。此张凳子的尺寸较大，加上了束腰下部厚实的牙条，令这张凳子有了一种厚实的霸气感。

有束腰马蹄足鼓腿彭牙大方凳
长64厘米，宽64厘米，高55厘米

○ 有束腰三弯腿霸王枨方凳：既"束"了腰，又"束"了腿

　　"有束腰三弯腿霸王枨方凳"则与上一款正好相反，它的腿部采用内弯的做法，尤其越往下部，曲线越明显。为配合这种做法，马蹄足是外翻的，而不是常规的内翻。另外，为了加固结构，采用霸王枨连接。霸王枨是明式家具中上一种常用的经典枨子，但它一般不出现在坐具上，而在桌案上较为常见。

有束腰三弯腿霸王枨方凳
长55.5厘米，宽55.5厘米，高52厘米

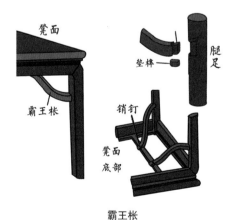

凳面

霸王枨

垫棒

腿足

销钉

凳面底部

霸王枨

一弯

二弯

三弯

外翻马蹄足
这种腿型有三处弯曲，清代时称为"三弯腿"，在北京，也被称为"大挖外翻马蹄"

○ 有束腰马蹄足十字枨长方凳：用上了脸盆架上常用的十字枨结构

有束腰机凳中还有一款采用"十字枨"的做法，此凳便是一例。十字枨是一种常用在脸盆架上的做法，在坐具上少见，此凳算是创造性使用。除了十字枨以外，此凳在束腰下部牙条上，也做了细致的镂空雕刻，在腿足中部，十字枨连接的高度部分，做了一个凸出的花边设计，如此既挡了榫眼部分，也加固了凳子，自然在选料上也多耗费了一些。

十字枨

有束腰马蹄足十字枨长方凳
长55.2厘米，宽46.3厘米，高48.5厘米

○ 有束腰管脚枨方凳：带有洼堂肚弹性美感的方凳

有束腰机凳中，也有带管脚枨的做法，"有束腰管脚枨方凳"便是其中一例，管脚枨连接马蹄足的端口，如此椅盘下方便去掉了横枨。此凳将束腰牙条下部曲线和腿足连接部做了弧线的顺滑连接，形制类似于椅子中券口牙子，这是一种巧妙的做法，它既带来了洼堂肚的美感，也没有额外增加新的部件，节约了用料。

五代画作《高士图》（局部）中的小方凳

有束腰管脚枨方凳
长54.5厘米，宽54.5厘米，高52厘米

○ 交杌：交椅去掉靠背和扶手

在交椅一章中，提到过交杌，此凳也属于明式机凳中一类，可作为研究明式交杌基本结构的一款。

北齐画作《北齐校书图》(局部)中的交杌

交杌
尺寸不详

前梁　　软屉　　后梁

轴钉　　护眼线（金属）

金属包边　　脚踏　　角牙

托子

交杌结构示意图

明清时期的杌凳，除了方凳外，还有圆凳、椭圆凳、六方凳等等，但经典传世不多，现代仿制也少一些。圆凳中，常用于室外的，也叫"坐墩"，一般选用耐用性更强的材料，如石头、陶瓷等，木制的会少一些。

○ 有束腰鼓腿彭牙带托泥圆凳：青花瓷与木材的经典结合

　　此凳算是圆凳中的经典之作，以其结构命名为"有束腰鼓腿彭牙带托泥圆凳"。凳子的面心镶嵌青花瓷，其余为木制。凳面下方有束腰结构，下部的牙子做成了壶门式的轮廓。腿部外凸，底部采用了圆形的托泥连接。

有束腰鼓腿彭牙带托泥圆凳
面径41厘米，高49厘米

○ 五开光弦纹坐墩：来自清代美人图中的坐墩

此墩为紫檀制作，清前期作品，收藏于故宫博物院中。腿足五条，组合成五个开光面，腿足弯曲弧度不大，墩面的两侧排布细密的鼓钉，颇为精细。

五开光弦纹坐墩
面径34厘米，腹径43厘米，高48厘米

清画《十二美人图》之《桐荫品茶》中的绣墩

宋画《西园雅集图》（局部）中的方凳

　　沟通是人与人相处的本质内容，在中国的文化中，坐下来，是沟通发生的起点，从这个意义上，**凳和墩存在的价值，在于它们比椅子更快速、便捷地建立出人与人之间沟通的场景。**

　　相比椅子，明式的凳墩更加简洁一些。《事物绀珠》解释说"杌，小坐器。""小"是凳墩最大的特点。但"小"所意味的不仅是体形上的小，还包括精巧、方便、实惠等意思：**凳墩的结构更少，故而精巧；体积小、重量轻，故而方便挪用；耗材小、耗工少，故而实惠。**凳墩虽小，但小也有小的经典，不能因为小，而忽视它在"形、材、艺、韵"上的讲究，相反，因为凳墩成本更低，所以在市场上滥竽充数的明式凳墩仿制品反而更多，也更需要我们去看懂其中的差异。

后记

"天有时，地有气，材有美，工有巧，合此四者，然后可以为良。"这是《考工记》中对造物的一段记述。

《考工记》成书于春秋时期，是中国最早的一本记录造物工艺的书，从书中这段话不难看出中国人的造物哲学。我们自古对造物便有着极高的要求和标准：一件能被称为优良的作品，必须同时具备"天""地""材""工"四大要素。而在这四大要素中，唯有"工"是造物者所能完全掌控的，其余三者，往往都是自然造化的结果，只能被发现，而无法被掌控。换言之，无论一个工匠手艺如何高超，技术如何出众，若是没有天时地利，不能效法自然，那便做不出能被称为"良"的作品。就像《考工记》中所说的："材美工巧，然而不良，则不时，不得地气也。"材质和工艺都足够优质了，却也不能保证做出好的作品，因为时间不对，也没有得到适合环境的支撑。"材美工巧"，是做出一件好作品必备的要素。但若只是"材美工巧"，则难免会沦为"匠气"，不是作品不好，而是作品浮于表面，难以做深入的考究。

古典家具市场目前就是这个现状：古典家具爱好者们购买家具，"材美工巧"总是他们的优先追求。是不是黄花梨做的，是不是紫檀做的，用的料纹理如何，直径多大，雕工如何，雕的细不细，施的重不重，这些内容往往是家具购买者的优先考量。当然，"材美工巧"对消费者而言，是一个比较好考量的指标，买到了"材美工巧"的作品，总归不会上当，不像"天时"和"地气"，虚无缥缈，都不知道从何处着手考察。

消费者的选择自然会影响造物者的创造，家具厂商和制作者们通常也会优先考虑作品的用材和工艺（这两点也是制假者的关注重点）。材好、工好，自然是无可厚非的，但如果家具制作者的创作重点只在材料和工艺上，那从文化传承的角度而言，却不是什么好事。比如现在多数消费者根本搞不清"唐式""宋式""明式""清式"之分，也并不在意，他们眼里只有"红木家具"和"非红木家具"两类而已。

中国人是一个重视传承的民族，如此我们民族的智慧才会不断积淀，受用于后世。大到哲学与美学，小到一款家具的制作，都是如此。在我看来，若将明式家具、清式家具都称为红木家具，便是舍了本而逐了末，抹杀了精神而只追求表象，这样时间一长，恐怕连表象也会模糊掉。那时候，经典便不复存在了，款式日新月异，材料耗尽却留不下传世的作品。

明式家具若是缺了上面提到的"天"与"地"，也便是如此的境地！

在我看来，明式家具中的各种讲究，是它所包含的"天时"与"地气"内容的表现，而它之所以跨越数百年至今日仍被奉为经典，也与它如此的讲究有着密切的关系。

我理解的"天有时"，是明式家具之所以能成为它如此样子的原因。我在书中有着详细的阐述：中国古典哲学、美学发展至明代，便决定了这一时期家具所该有的样子，因而它并非偶然的出现，而是一种文化发展的必然。交椅、圈椅、官帽椅，都是通过不断的继承和延续发展成了经典明式家具的模样，并由此在艺术价值上再难进一步。这是因为"天时"是具有不可替代性的，就像唐代的诗与宋代的词，其光辉绝无仅有。"地有气"，指的是环境对其的依托，明式家具所产生的时期，有足够支撑它成长的社会潮流、经济环境、工匠以及优质原材料等因素，足够其发展试错后走向完善，这也是不可替代的。试想，由于原料的匮乏，现在的木匠若是拿到一批好的黄花梨、紫檀原料，往往因忌惮其巨额的成本而战战兢兢，对制作犹豫不决；而以前的工匠有足够的机会去拿这些原料练手，测试木性。这两者所体现出的创造力和艺术性自然不可同日而语。

我们常说"时势造英雄"，一旦英雄横空出世，便会照亮后世，自此成为后人学习与敬仰的对象。明式家具便是这样一位英雄，它诞生于一个特殊的时代，为后世立下了标杆。

从这一角度而言，读懂明式家具的讲究，便是一种文化的传承，更是一种智慧的延续。无论后世的中国家具在款式、材料、工艺如何变化，这些讲究永远也不应该消失。

最后，感谢诸位对《讲究吧！明式家具（坐具篇）》一书的阅读，本书并非专业的家具研究和制作书籍，也并未立意于此。若是诸位在阅读本书后，能对明式家具有多一些了解，多一些兴趣，便是我写作的最大初衷了。

张梵

2021年6月1日